GRANDE
RESTAURATION SCIENTIFIQUE

PHILOSOPHIE MINÉRALOGIQUE,

ou

ÉTUDE COMPARATIVE ENTRE LES CORPS NATURELS ET LES CORPS ARTIFICIELS PRODUITS PAR LA SYNTHÈSE CHIMIQUE, ET DE L'APPLICATION DE QUELQUES-UNS DE CES DERNIERS CORPS A L'INDUSTRIE, ET PRINCIPALEMENT A L'OPTIQUE.

PREMIÈRE PARTIE :

De l'application de certains corps artificiels **produits par la synthèse chimique, soit** au microscope solaire, soit **au microscope dioptrique** composé achromatique vertical, **d'après les récents résultats** du professeur J.-B. Amici, et de son noble ami, M. le marquis de Panciatichi.

Par M. Achille BRACHET,

AUTEUR

de plusieurs Opuscules sur les récents travaux du professeur italien J.-B. Amici, et de M. le marquis de Panciatichi; de la grande Restauration des Test-Objets; de la Biographie de l'ingénieur-mécanicien anglais Georges Stephenson; de la Lettre sur la Restauration du télescope newtonien, adressée au docteur allemand C.-A. Steinheil; de la Solution de l'éclairage électrique, produit par les courants de la pile; et de la Lettre adressée à M. Babinet, sur la Restauration de l'aérostation du général Meusnier.

OPUSCULE ORNÉ DE CINQ FIGURES

—

1re LIVRAISON. — PRIX : 50 CENTIMES.

—

PARIS

CHEZ L'AUTEUR, BOULEVART DU MONTPARNASSE, 151.

ET CHEZ M. BENJAMIN DUPRAT,

libraire du Sénat, du Corps Législatif,
de l'Institut de France, de la Bibliothèque Impériale, des Sociétés Asiatiques de Paris, de Londres et de Calcutta.

Et à LONDRES, chez M. BAILLIÈRE, éditeur, 219, Regent street.

1859

HOMMAGE

DE LA PART DE L'AUTEUR DE CE PETIT OPUSCULE

A

M. JOSEPH-JACKSON LISTER

l'immortel restaurateur

du microscope dioptrique composé achromatique.

Attendant l'assentiment universel, unanime des savants relativement à cet important opuscule, je permets, dans un intérêt purement scientifique, et à quiconque voudra bien le faire, de faire traduire ou commenter en toute langue mes divers opuscules, et d'en reproduire ou faire reproduire, modifier ou faire modifier à volonté les nombreuses planches explicatives (1).

Achille Brachet.

(1) Je développerai dans un prochain opuscule l'importance du principe de l'immersion par l'eau distillée, pour obtenir dans certaines séries destinées aux simples observations, la plus grande force optique possible. Dans l'excellent mémoire de M. Andrew Ross, pages 106 et 107, cet illustre physicien se sert d'un principe différent de l'illustre Amici, pour diminuer, autant que possible, l'aberration ; il indique, recommande les lames destinées à recouvrir l'objet à observer, ou à plonger l'objet dans un fluide. « When an object-glass has its aberrations balanced « for viewing an opaque object, and it is required to examine that object « by transmitted light the correction of the object-glass will remain ; « but if it is necessary to immerse it in a fluide or cover it with « glass or talc, there will be an aberration arising from these « circumstances, which disturb the previous correction, and con- « sequently, deteriorates the definition; an this effect will be more « obvious with the increase of the distance between the object and « object glass, etc. » L'illustre J. Porro m'avait promis, il y a déjà deux ans, de faire connaître l'immense avantage du moyen correctif de l'illustre Amici, sur celui de M. André Ross, pour certaines séries ; mais, des circonstances tout à fait indépendantes de son immense savoir dans l'optique l'en ont empêché, et entre autres son tout aimable et gigantesque projet de construire un télescope en verre argenté, d'après le procédé Liebig ou Drayton. Ce télescope à miroir sphérique, doit, dit-on, surpasser en puissance l'énorme télescope de Lord Ross, comme sa lunette dioptrique devait dépasser en puissance celle de M. Craig. Puisque l'emploi des dalles, selon l'illustre M. F. Moigno, est suffisant pour la construction de cet instrument; nous faisons les vœux les plus ardents pour la complète réussite de cet instrument colossal, qui ne manquera pas, s'il est bien construit, de dédoubler certaines étoiles, de faire voir si l'illustre docteur allemand C.-A. Steinheil, a raison de soutenir que l'aberration sphérique bien corrigée dans un système objectif, soit dioptrique, soit catoptrique, ne saurait nuire à la netteté des images engendrées dans un instrument destiné aux observations astronomiques, et s'il est inutile de faire tous ses efforts pour obtenir dans un miroir-objectif, comme dans un objectif dioptrique, à très-grande ouverture, et d'après la méthode ou de sir William Herschell, ou de M. Léon Foucault, ou de Lord Ross, la forme rigoureusement parabolique.

INTRODUCTION.

Cet opuscule est destiné aux ingénieurs-constructeurs anglais et américains, qui ont porté ces dernières années le microscope composé achromatique à un point de grandeur vraiment surprenant (1).

(1) Voici les propres paroles de l'illustre physicien italien M. le marquis de Panciatichi : « E di più vi dirò che gli ultimi fabbricanti Inglesi « sono arrivati ad un grado di precisione sorprendente nei microscopy, « non solo nella parte mecanica, ma ancora nella parte ottica, *e non* « *sono* tanto lontano da Amici quanto egli pretende, e voi credete. » Le jugement du jury mixte international est loin d'être favorable à l'opinion du noble ami de l'illustre Amici, car en voici les propres paroles, qu'on ne saurait révoquer en doute :

« MM. Smith et Beck ont su maintenir aux microscopes anglais leur « supériorité constatée lors de l'exposition de 1851 ; cette supériorité « provient en partie de ce qu'en Angleterre les amateurs ne reculent « pas devant l'élévation du prix lorsqu'elle est justifiée par la bonté « de l'instrument, mais en partie aussi de ce que les artistes de ce « pays ont étudié et utilisé les recherches d'optique analytique qui « ont été faites dans cette voie. La clarté, la netteté, une grande puis« sance de grossissement et une force de pénétration des plus remar« quables, se trouvent réunies dans le microscope de MM. Smith et « Beck; cet instrument aurait paru être la plus haute expression des « progrès actuellement accomplis, s'il n'avait pas été placé à côté de « l'*incomparable* microscope de M. Amici. » Première colonne, p. 432, du premier volume des Rapports du jury mixte international, publiés en 1856, sous la direction de S. A. I. Mgr le prince Napoléon, président la Commission impériale.

Doit-on soutenir en un sens que les microscopes de l'illustre Amici sont la plus haute expression des progrès actuellement accomplis, et dans un autre que ce sont les microscopes Lister, les microscopes

Les premiers travaux vraiment importants entrepris sur le perfectionnement du microscope dioptrique composé achromatique, datent de la belle dissertation de l'illustre Joseph

anglais et américains qui méritent cet éloge? Oui, sans aucun doute, si par les microscopes de l'illustre Amici on ne veut parler que des résultats obtenus par lui, sans avoir égard à leur ingénéralisation; si par les microscopes de l'illustre Amici on veut parler d'un simple criterium; nul doute qu'ils ne doivent mériter le titre de la plus haute expression des progrès actuellement accomplis. Mais, si d'un autre côté l'on veut considérer les microscopes Amici comme ingénéralisés, il est hors de doute que ce sont les microscopes Lister qui étant généralisables, il est vrai par les Anglais et les Américains seuls, doivent être considérés, et ceci est une chose sans réplique, comme la plus haute expression des progrès actuellement accomplis.

Tout le monde connaît l'origine de la grande découverte de l'achromatisme, de la découverte de la destruction des couleurs primaires du spectre, soit dans un prisme, soit dans une lentille, faite par l'immortel physicien anglais John Dollond, en 1757. Peu nous importe de nous enquérir, comme en avait intérêt notre illustre F. Arago, si John Dollond était réellement anglais, ou domicilié né à Londres d'un père réfugié français et domicilié réellement à Londres, à cause du ridicule édit de Nantes. Ceci est une affaire d'esprit de parti; l'illustre F. Arago tenait à cœur de ravir à l'Angleterre toutes ses véritables découvertes; il voulait flatter l'esprit populaire, cela est incontestable. Mais ce qu'il nous importe de savoir, c'est en écartant tout esprit de prévention nationale, comment l'Angleterre a traité l'immortel physicien John Dollond, lorsqu'en voulant prendre une patente pour la découverte sublime qu'il avait su généraliser, ce savant eut à essuyer de la part de l'illustre Chester-more-hall, savant physiologiste et physicien, une réclamation inattendue sur sa très-légitime découverte. Que fit l'assemblée réunie dans le vénérable palais de Westminster? ne déclara-t-elle pas, et cela avec la plus grande raison, Chester-more-hall déchu de ses prétentions, parce qu'il n'avait pas fait connaître au public, ou plutôt au monde savant, le principe généralisé de son importante découverte, et ne proclama-t-elle pas John Dollond véritable inventeur? Cependant, Chester-more-hall avait construit de très-bonnes lunettes achromatiques, mais de très-petite grandeur, dès 1733. Tout le monde verra par là que l'inventeur d'une découverte, quelque belle, quelque utile qu'elle puisse être, ne saurait avoir droit à la reconnaissance du monde savant, et au titre de véritable inventeur, qu'autant qu'il a rendu publique, c'est-à-dire généralisé sa découverte.

Quand j'ai insisté dans un temps, en 1842, à soutenir contre l'illustre F. Arago que Chester-more-hall était bien le véritable inventeur de la

Jackson Lister, insérée dans les transactions philosophiques royales de Londres, année 1830. Cette dissertation est intitulée : *On some properties in achromatic object-glasses applicable to the improvement of the microscopes* (2).

Depuis cet important document scientifique, les artistes les plus éminents ont fait tous leurs efforts pour réaliser pratiquement le magnifique concept de l'illustre physicien Joseph Jackson Lister, soit pour augmenter le pouvoir pénétrant des séries objectives du microscope en augmentant l'ouverture des diverses séries, soit pour (fig. 10) diminuer autant que possible les deux aberrations, en séparant à l'aide d'un mécanisme vraiment remarquable, la distance de la première lentille objective des deux autres. C'est au célèbre physicien et ingénieur-constructeur M. Andrew Ross, que nous devons la plus grande partie de la magnifique réalisation du *concept* optique de l'illustre M. Joseph Jackson Lister, comme on peut le voir, par la remarquable communication qu'il en fit en 1837, dans la savante collection des transactions de la Société des Arts (3), manufactures et commerce.

découverte de l'achromatisme, j'insistais sur cette priorité de l'illustre savant et écuyer anglais, non par esprit de parti politique, mais bien parce que Chester-more-hall avait été conduit, dès 1723, à cette mémorable découverte, par l'influence de la considération des causes finales, et que c'étaient ces mêmes considérations qui avaient engagé l'illustre Leonhard Euler, à soutenir que puisque le divin Auteur de la nature avait rendu l'œil parfaitement achromatique, il devait nécessairement devenir possible que le génie de l'homme trouvât une loi, qui permît de faire réfracter la lumière sans la couleur par la diverse réfrangibilité des rayons. Je ne rétracterai jamais cette opinion si sensée, et je serai toujours partisan du grand Robert Boyle.

(2) Philosophical transactions of the royal Society of London, for the year 1830, part. 1, page 187. — XIII.

(3) A pratical treatise on the use of the microscope, by John Quekett, etc. Second edition with additions. London, 1852. History of the microscope, pages 39, 40, 41, 42.

Transactions of the Society of arts, manufactures, and commerce, vol. 51, part. 2, year 1838, page 99, n° 20. — An adjusting object-glass, the gold Isis Medal was presented to M. Andrew Ross, n° 33, Regent-street, Piccadilly, for his adjusting object-glass for a compound microscope, the folloving communication was recrived from him on he subject.

L'illustre Amici, qui de l'aveu de tous les connaisseurs a obtenu ces dernières années des résultats incomparablement supérieurs à ceux des meilleurs microscopes anglais et américains, diffère entièrement dans son principe de celui de M. Lister, en ce que toutes les trois objectives sont fixes, immobiles, et que la première lentille, au lieu d'être binaire achromatique (fig. 28 et 10), est plano-convexe simple, en crown-glass, ou en rubis spinelle limpide (fig. 52).

Le principe optique Amici, s'il est définitivement reconnu le meilleur dans ses effets, ne devrait-il pas être adopté de préférence au système Lister, puisqu'il offre une grande économie dans la dépense, tout en offrant des résultats incomparablement supérieurs aux résultats obtenus, avec les microscopes anglais et américains (4)?

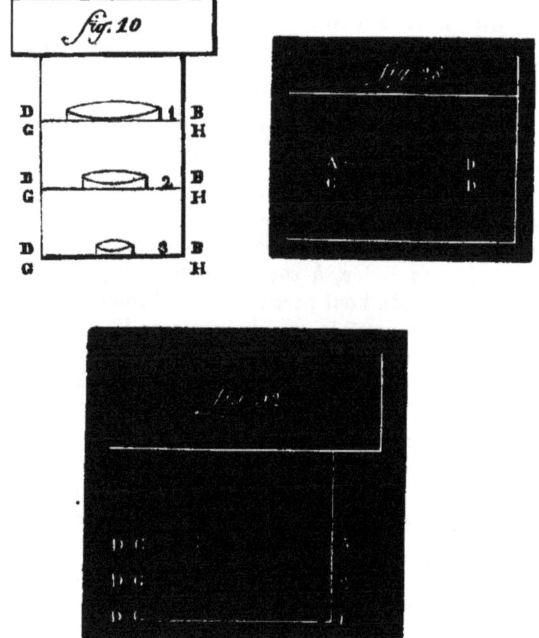

(4) Première colonne, page 432 du premier volumes de Rapports du

N'est-ce pas le mécanisme de la vis destinée, dans la série anglaise, à écarter la première objective des deux autres, (fig. 10) pour diminuer convenablement et autant que possible les deux aberrations, qui augmente d'une manière considérable le prix de la série? Le rapport du jury de l'exposition de l'Industrie universelle de 1855 à déclaré qu'en Angleterre (5) les amateurs ne reculent pas devant l'élévation du prix, lorsquelle est justifiée par la bonté de l'instrument; je veux bien le croire de certains amateurs doués des heureux dons de la fortune. Mais, ne savons-nous pas de source authentique, que les étudiants généralement peu fortunés pensant tout autrement en Angleterre, comme en France, s'adressent quelque fois à Paris, chez MM. Nachet, Oberhaeüser et Mirand ainé, pour avoir des instruments moins chers, mais il est vrai qu'ils reconnaissent infiniment inférieurs à ceux qui sont construits d'après la méthode de M. Joseph Jakson Lister. Cependant l'illustre marquis de Panciatichi tient pour le système Lister modifié, c'est-à-dire (fig. 60), pour la seule substitution à la première objective

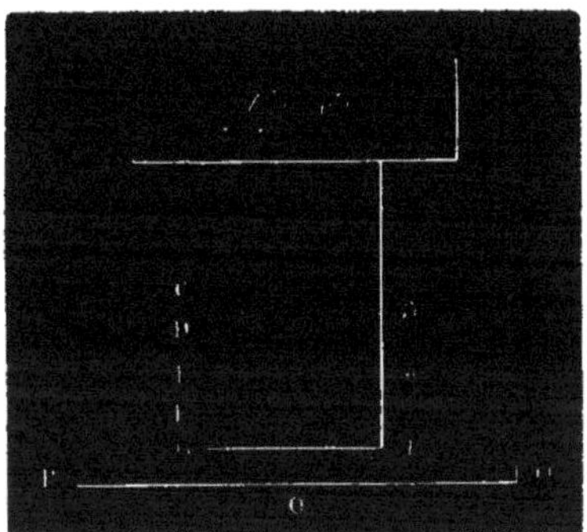

Lister, de la lentille achromatique Selligues, à une simple

jury mixte international, publiés en 1856 sous la direction de S. A. I. Mgr le prince Napoléon, président de la Commission impériale.

(5) Page 432, et même colonne du même ouvrage.

lentille plano-convexe, non-achromatique en crown-glass, et surtout en rubis spinelle et encore mieux en grenat (6).

C'est un fait certain que ce que je viens de dire mérite examen et confirmation dans l'intérêt du perfectionnement qu'il existe encore à apporter au microscope, et surtout dans l'intérêt de son indispensable généralisation.

Qu'on me permette de faire ici, sur l'importance de la généralisation des microscopes de l'illustre Amici, une observation des plus graves. C'est que, puisque ces instruments sont reconnus par les savants (7) *pour être la plus haute expression des progrès actuellement accomplis,* les savants ne pourront qu'applaudir aux nobles sentiments qui m'animent en travaillant dans l'intérêt des sciences, et de ce que j'ai su choisir dans ma grande restauration du microscope, pour criterium, les incomparables microscopes de l'illustre Amici, car s'il en était autrement, qu'arriverait-il? une rétrogradation dans les sciences, c'est-à-dire, qu'à la mort de l'illustre Amici, ses ineffables productions restant ingénéralisées, ce seraient les microscopes anglais et américains qui, nécessairement, deviendraient la plus haute expression des progrès actuellement accomplis (8).

(6) Voir mon opuscule intitulé : Court exposé du principe sur lequel reposent les meilleurs microscopes dioptriques composés achromatiques verticaux du professeur J.-B. Amici, et les séries du marquis de Panciatichi, pages 4, 14, 15.

(7) Première colonne et page 432 du premier volume des Rapports du Jury mixte international, publiés en 1856, sous la direction de S. A. I. Mgr le prince Napoléon, président de la Commission impériale.

(8) Pour que l'on puisse soutenir avec raison que les microscopes anglais et américains ne sont pas la plus haute expression des progrès actuellement accomplis, mais que ce sont ceux de l'illustre J.-B. Amici qui doivent seuls jouir de cette noble prérogative; il faudrait prouver aux Anglais et aux Américains, chose bien difficile, pour ne pas dire impossible, que les microscopes de l'illustre physicien Lister sont encore jusqu'à ce jour restés ingénéralisés, et qu'il n'existe pas à Londres et à Liverpool un grand nombre d'ingénieurs opticiens qui, avec le système Lister, modifié par l'illustre constructeur Andrew Ross, ont obtenu et obtiennent des résultats pour ainsi dire identiques; il faudrait prouver que MM. Smith et Beck sont hors ligne, quant aux

Je dirai à l'Angleterre et à l'Amérique : Vous tenez non-seulement à perfectionner le microscope dioptrique composé, mais encore à le rendre plus accessible à toutes les fortunes, un système optique incomparablement supérieur au vôtre se présente, il est encore ingénéralisé, généralisez-le; avant de penser à mieux faire, faites aussi bien ; vous avouez tous que l'illustre Amici vous est de beaucoup supérieur, vous avez avoué que l'illustre Amici, avec son petit microscope du prix de 300 francs, a battu vos seules séries du prix de 400 francs, vos microscopes de 2,500 francs, la question est on ne peut plus grave. Des physiciens d'un mérite incontestable vous disent, que si la disposition Lister est indispensable pour obtenir un excellent effet, la substitution de la lentille plano-convexe simple, à la première lentille achromatique n'est pas moins indispensable, essayez cette alliance, dans l'intérêt du perfectionnement qu'il reste encore à apporter au microscope, substituez à votre ancienne première objective, la lentille première proposée tout récemment par l'illustre Amici, première objective d'où vient la grande augmentation du pouvoir pénétrant, et vous obtiendrez par cette nouvelle modification optique, des résultats non-seulement identiques, mais même supérieurs à ceux de l'illustre Amici, parce que le travail est bien plus parfait dans vos grands ateliers que dans ceux de l'illustre J.-B. Amici (9).

résultats qu'ils ont obtenus, en suivant l'ingénieuse méthode de M. Andrew Ross, et que l'Angleterre ne les a pas envoyés à l'Exposition universelle de l'Industrie en 1855, pour représenter tous les constructeurs anglais. On ne peut pas dire des incomparables microscopes du professeur Amici, ce que le docteur Quckett a dit avec la plus grande justesse des microscopes anglais : « The achromatic object-glasses made « by our three most eminent opticians, Messieurs Powel, Ross, and « Smith, consist of two or three compound lenses, which are fixed in « a long tube or case, those of high power having the adjustement « shown in fig. 22, page 41, or in section in fig. 116, where A repre- « sents the anterior pair of lenses, M the middle, and P the posterior, « the thre sets combined from the achromatic object-glass. » Peut-on en dire autant des microscopes de l'illustre Amici ?

(9) Tout le monde comprendra sans peine ces paroles de l'illustre J.-B. Amici : « La supériorité de mes microscopes sur ceux de l'Angle-

Les microscopes de l'illustre Amici sont encore infiniment supérieurs aux vôtres, à cause du principe de l'immersion par l'eau distillée, employée dans certaines séries destinées aux simples observations, faites-en de même. L'illustre Amici emploie cinq substances différemment dispersives, pour réunir dans ses admirables séries cinq rayons moyens du spectre, et détruire par cet ingénieux moyen, les spectres même les plus secondaires, faites-en de même.

Je ne puis, dans cette simple introduction, m'étendre sur les résultats merveilleux que l'on pourrait obtenir en faisant une sage alliance du principe optique Amici-Panciatichi, et du principe optique Lister; mais si depuis 1830, l'Angleterre a toujours apporté de plus en plus des améliorations importantes, en suivant de point en point la savante et ingénieuse méthode de M. Joseph Jackson Lister; il n'est aucun doute, qu'en modifiant le principe Lister, c'est-à-dire, en remplaçant principalement la première objective qui est achromatique dans les magnifiques appareils de cet immortel savant, par une simple lentille plano-convexe, le microscope ne pourra pas de manquer de donner des résultats encore beaucoup plus remarquables.

Je ne veux pas terminer cette introduction, sans faire observer ici aux savants, que par le rapport du jury mixte international, de l'exposition de l'industrie universelle de 1855 (10), il est avoué que l'appareil Lister n'est point in-

« terre et de l'Amérique provient du principe optique que j'ai su adopter;
« toutes les fois que les opticiens en suivront la marche après en avoir
« compris l'importance, ils obtiendront des effets non-seulement identi-
« ques aux miens, mais incontestablement supérieurs, à cause de la per-
« fection de la main-d'œuvre de la plupart de vos grandes manufactures. »

(10) Il est incontestable, que puisque le jury de l'exposition a déclaré supérieurs les microscopes Amici, il est de la plus grande importance de revérifier ce fait si important pour l'avenir du perfectionnement qu'il reste encore à apporter au microscope, puisque les microscopes Amici ne sont pas encore égalés; de savoir s'il est rigoureusement indispensable de rendre mobile par une vis la première objective d'une série, vis qui augmente considérablement le prix de l'instrument; ou si le système objectif de l'illustre Amici est suffisant.

dispensable pour obtenir des effets remarquables et infiniment supérieurs aux effets obtenus par les meilleurs microscopes que l'on a vus exposés à la grande exposition de l'industrie universelle de 1855, et que par conséquent, il est de la plus haute importance, sans aucun doute, de revérifier un fait si capital pour l'avancement des sciences.

Je termine cette introduction, qui n'est du reste qu'un simple exposé, et que je développerai beaucoup plus, dans ma prochaine publication, en disant, que j'ai bien mérité de l'optique et du monde savant, non-seulement en provoquant à la recherche d'une découverte qui peut-être, n'aurait pas été faite sans moi, mais encore en exposant dans mes divers opuscules, le principe optique qui devra incontestablement permettre de porter au plus haut point de grandeur, soit le microscope solaire, soit le microscope dioptrique composé vertical.

Si donc il existe plus d'un fait à citer, pour prouver que les sciences ont pu et peuvent encore rétrograder, c'est un fait certain que si ma grande provocation de la généralisation des meilleurs microscopes composés de l'illustre Amici est bien comprise, les microscopes de l'illustre physicien italien ne seront bientôt plus *la plus haute expression des progrès actuellement accomplis.*

ACHILLE BRACHET.

AVERTISSEMENT.

Jamais la science optique n'oubliera ces mémorables paroles de l'illustre physicien écossais sir David Brewster, renfermées dans son admirable ouvrage intitulé : *Treatise on new philosophical instruments for various purposes in the arts and sciences*, etc. (1). « We cannot, therefore, expect « any essential improvement in the single microscope, un- « less from the discovery of some transparent substance, « which, like the diamond, combines a high refractive power, « with a low power of dispersion. » Malgré les canaux prismatiques qui sillonnent en divers sens le diamant, et qui ont empêché de l'employer avec avantage soit au microscope simple, soit au microscope solaire, soit au microscope dioptrique composé achromatique vertical; cette assertion du célèbre sir David Brewster conserve toute sa force, que le rubis spinelle et le grenat, abstraction faite de leur couleur toujours plus ou moins intense, sont infiniment préférables au crown-glass, pour certains usages optiques. Tous les savants sont persuadés que la *positiviste* Angleterre n'a abandonné l'usage, si supérieur au crown-glass, de ces pierres précieuses, que parce qu'il était extrêmement difficile, pour ne pas dire impossible, de se procurer parfaitement limpides, parfaitement incolores, ces deux gemmes.

Je viens donc de nouveau proposer aujourd'hui, à cette

(1) Sir David Brewster, a Treatise on new philosophical instruments, etc., pages 402 et 403.

nation si sage, si industrielle, si savante, et après avoir reconnu que les travaux incomparables de notre illustre chimiste, physicien, et minéralogiste, M. Ebelmen, sur la reproduction des pierres précieuses, me permettent de le faire avec la plus grande sécurité, la grande Restauration, soit du microscope solaire, soit du microscope dioptrique composé achromatique vertical, proposée en Angleterre, en 1824, par le célèbre docteur Goring. La judicieuse et profonde Angleterre, je n'en doute nullement, qui depuis de longues années, a porté le microscope dioptrique composé au plus haut point de grandeur (2), s'empressera, la première d'adopter ma nouvelle proposition, mais après un mûr et sage examen, et si elle voit, comme j'ai essayé de le prouver dans ce fascicule, qu'il est *industriellement, économiquement* possible de produire des échantillons de grenat et de rubis spinelle parfaitement limpides et de grandeur convenable, rigoureusement identiques, quant à leur structure optique et cristalline, au grenat et rubis spinelle naturel.

J'ai été étonné qu'en 1855, les membres du Jury de l'Exposition de l'Industrie universelle n'aient pas expliqué, en faisant connaître les magnifiques travaux optiques de M. Lister qui datent déjà de 1830, la cause de l'immense supériorité des microscopes anglais et américains sur ceux des autres peuples (3); j'ai aussi été fort étonné, que l'on n'ait formulé aucune opinion sur les séries à première objective en rubis spinelle limpide du Pégu, que l'illustre J.-B. Amici a bien voulu montrer avec ses séries à première objective en crownglass; et cet oubli est d'autant plus frappant, d'autant plus extraordinaire, qu'il est impossible à tout homme vraiment supérieur dans les connaissances de l'optique, de ne pas reconnaître une différence de puissance vraiment surprenante, entre une série objective à première objective en rubis spi-

(2) Page 432 des Rapports du jury mixte international, publiés sous la direction de S. A. I. Mgr le prince Napoléon, président de la Commission impériale.

(3) A pratical treatise of the use of the microscope, by John Quekett; second edition, with additions, pages 39 et 40, year 1852.

nelle, et une série à première objective en crown-glass.

Le peu d'étendue de cet important fascicule ne me permet pas d'entrer dans de plus amples considérations; mais j'ose espérer que, dans un travail prochain beaucoup plus considérable, j'expliquerai ce que dans cet opuscule je n'ai fait qu'ébaucher, ainsi que dans mes divers opuscules ayant trait à l'optique, c'est-à-dire, que je démontrerai par quels moyens, en faisant une sage alliance et du principe proposé dès 1830, par M. Lister, et du principe proposé tout récemment par l'illustre Amici, et que j'ai déjà fait connaître par différents extraits publiés ces dernières années; on pourra porter encore beaucoup plus loin la puissance, soit du microscope solaire, soit du microscope dioptrique composé achromatique vertical.

Je ne veux pas terminer ce simple avertissement, sans prémunir les personnes peu versées dans les sciences de l'optique, contre les dangers qu'elles essuyeront en adoptant la croyance commune, le dictum, en un mot le préjugé, que ce n'est pas l'Angleterre qui depuis 1830 a toujours représenté l'expression de la plus grande perfection que le microscope dioptrique composé avait atteint (4). Les préjugés pourront leur dire que l'illustre Amici a complétement dépassé l'Angleterre et l'Amérique dans les résultats obtenus dans le microscope (5). Cela est vrai dans un sens, aussi n'ai-je pas manqué de prendre pour criterium, dans ma grande restauration du microscope dioptrique composé achromatique, les incomparables microscopes du grand J.-B. Amici; mais, il n'en reste pas moins comme certain, comme indubitable, que si les admirables microscopes de Florence représentent le suprême point de grandeur auquel pourront parvenir peut-être un jour nos microscopes, si l'on suit de point en point, et le système optique Lister, et le système optique de l'illustre astronome de Florence; les microscopes anglais et

(4) Page 432 des Rapports du jury mixte international, publiés sous la direction de S. A. I. Mgr le prince Napoléon, président de la Commission impériale.

(5) Même ouvrage, page 432.

américains ont, contrairement à ceux du grand Amici, subi l'épreuve si importante de la généralisation, généralisation qui laisse complétement en dehors du service que pourraient rendre à la science les incomparables microscopes de l'illustre Amici.

Par cette phrase, on comprendra que je veux dire, que si l'illustre Amici a porté au plus haut point de grandeur le microscope dioptrique composé achromatique et vertical, il n'a pas rendu généralisable cette admirable théorie de ses microscopes, tandis que les Anglais obtiennent depuis trente ans, par la théorie Lister, des effets, qui pour être encore bien inférieurs à ceux obtenus (6) dans les microscopes de l'illustre Amici, sont encore incomparablement supérieurs aux microscopes allemands et français; par cette phrase on comprendra, que si l'illustre Amici venait à mourir, l'Angleterre en possession d'une complète généralisation vraiment remarquable d'un système de microscope, reprendrait possession de ce qui actuellement est entre les mains de l'illustre Amici, théorie que l'on peut regarder comme entièrement merveilleuse, tout à fait exceptionnelle, et allant indubitablement se perdre par sa mort dans l'abîme du néant, et démontrant ainsi combien il peut arriver que la science vienne à rétrograder.

(6) Page 432 des Rapports du jury mixte international, publiés sous la direction de S. A. I. Mgr le prince Napoléon, président de la Commission impériale.

PRÉFACE.

Ce tout petit opuscule m'a été en très-grande partie suggéré par une lecture très-attentive, très-assidue très-approfondie des œuvres immortelles de l'illustre physicien écossais sir David Brewster sur l'optique, et par une étude sérieuse des admirables séries objectives qu'a bien voulu m'offrir, il y a déjà cinq ans, M. Ferdinando Ximénès de Panciatichi d'Aragon, séries construites d'après la toute récente théorie du prince des physiciens, l'illustre J.-B. Amici, et dont j'ai pris pour criterium les importants travaux dans ma grande restauration du microscope dioptrique composé achromatique vertical. Ces séries, d'une puissance vraiment extraordinaire, sont généralement composées de cinq substances différemment dispersives, agissent au moyen du principe remarquable de l'immersion par l'eau distillée, et possédent leur première objective en rubis spinelle hyalin incolore du Pégu. L'illustre physicien M. le marquis de Panciatichi est persuadé que la très-haute supériorité des remarquables séries Amici à première objective en rubis spinelle, et de ses séries, sur celles de l'illustre Amici à première objective en simple crown-glass, provient principalement de l'heureux emploi du rubis spinelle en nature hyalin limpide, et il se fonde sur l'opinion, ou plutôt sur l'autorité si grande dans la science, de sir David Brewster.

J'examine, dans ce tout petit opuscule, les raisons qui ont engagé certains anciens physiciens et ingénieurs-constructeurs, à adopter, dans leurs instruments, soit le rubis spinelle hyalin, soit le grenat transparent pour lentilles,.et j'établis pour certain, que si l'on tentait de reproduire d'après la belle méthode synthétique chimique de l'illustre physicien, chimiste et minéralogiste M. Ebelmen ; soit de rubis spinelle hyalin, et ce qui vaudrait incontestablement encore mieux, du grenat blanc de Tellemarken (Finlande) ; le microscope solaire et le microscope dioptrique composé achromatique vertical, recevraient, sans aucun doute, des améliorations considérables.

Il a jusqu'à présent été rigoureusement impossible à l'illustre physicien, au noble ami du grand Amici, le célèbre M. Ferdinando Ximénès de Panciatichi d'Aragon, d'augmenter encore beaucoup plus la puissance de ses admirables séries, faute de n'avoir pu se procurer que quelques faibles, et en très-petit nombre, échantillons de grenat blanc, de Tellemarken (Finlande), ce grenat étant le plus souvent légèrement verdâtre. J'ai déjà expliqué, dans un de mes opuscules, pourquoi l'illustre marquis de Panciatichi, malgré ses très-nombreuses et très-louables tentatives pour employer le diamant limpide monoréfringent et monodispersif, a dû avec le plus grand malheur (disgraziatamente) renoncer à l'emploi de cette gemme. Je le répète encore ici; c'est que l'illustre marquis de Panciatichi, ayant, comme beaucoup d'autres savants, connu beaucoup trop tard les beaux et importants travaux de sir David Brewster, et des sieurs Trécourt et Georges Oberhaeüser sur le pouvoir réfléchissant du diamant en général; a conclu tout récemment, ce qu'avait déjà conclu l'illustre Amici, bien des années auparavant; que cette gemme, fût-elle elle-même parfaitement monoréfringente et monodispersive, elle posséderait encore pour pouvoir être employée à l'usage de l'optique, et particulièrement du microscope simple, du microscope solaire et du microscope dioptrique composé achromatique et vertical, une trop grande faculté réfléchissante; à cause des canaux cylindriques, comme l'a très-bien aussi observé tout récemment à Florence, l'illustre M. Govi, qui la sillonnent, *en divers sens*, et qui sont rigoureusement indestructibles, comme l'a si judicieusement observé, ces dernières années, l'illustre sir David Brewster, abstraction faite des inconvénients produits par le travail de l'égrisé (1).

(1) Voyez le Bulletin scientifique et industriel de l'*intéressant journal* de l'illustre Raspail, intitulé : *Le Réformateur*, n°s 139, 146, 152, 153, 170, 171, 195 et 247. Dans ces curieux et importants articles, il sera, on ne peut plus facile, de reconnaître dans Raspail un rédacteur consciencieux et sincère, doué d'un immense génie, et d'une pénétration bien plus grande que celle de l'illustre F. Arago. C'est à la spirituelle remarque du célèbre physiologiste M. Raspail, à laquelle nous devons l'idée que les canaux indestructibles qui sillonnent en divers sens le diamant, doivent servir d'indice très-caractéristique à cette gemme, pour la distinguer dans le commerce des autres gemmes, telles que le zircon, corindon, rubis spinelle, etc., où quelquefois on a voulu les faire passer pour cette gemme, qui cependant leur est si préférable, si supérieure.

Ainsi, que nos physiciens, dans leur sage alliance du système Lister et du système Amici, ne tentent plus, pour porter à un plus haut point de grandeur que l'il-

Voici aussi ce que l'illustre physicien, M. le marquis de Panciatichi, comme bien d'autres savants, n'aurait pas dû ignorer, et ce que j'ai lu avec le plus grand plaisir dans les comptes-rendus hebdomadaires des séances de l'Académie royale des sciences, publiés conformément à une décision de cette respectable Académie, en date du 13 juillet 1835, par MM. les Secrétaires perpétuels, tome V^{e}, juillet-décembre 1837; séance du lundi 30 octobre 1837 ; présidence de M. Magendie. — Minéralogie — Sur la nature des lignes qui s'observent dans les diamants employés comme lentilles. — Lettre de MM. Trécourt et Oberhaeüser (Commissaires, MM. Cordier, Turpin.) « Un fait annoncé comme nou- « veau par sir David Brewster, au congrès de l'Association britannique, « et interprété par cet illustre physicien comme une preuve de « l'origine végétale du diamant, nous fournit l'occasion de rappeler à « l'Académie royale des sciences et aux physiciens étrangers que c'est « nous qui avons reconnu les premiers l'existence des lignes nom- « breuses et très-fines dans le diamant travaillé pour lentilles de mi- « croscopes. Ce fait avait été consigné dans le feuilleton scientifique « du *Réformateur*, en 1835. Alors aussi, l'on indiquait la vraie nature « de ces lignes qui sont de petits canaux prismatiques. Je possède « encore deux lentilles travaillées à cette époque, et montrant très- « distinctement que ces lignes sont, comme nous le disons, des in- « terstices laissés pendant la cristallisation, et non, comme le prétend « sir David Brewster, la tranche d'autant de couches d'une densité « différente. Sur nos lentilles on reconnait d'ailleurs qu'il existe plu- « sieurs systèmes de ces lignes parallèles dans les divers sens du cli- « vage, et beaucoup d'entre elles ne se présentent que par l'extrémité, « c'est-à-dire sous forme de points. »

« Si ces lignes nuisent à la perfection des lentilles, ce n'est point « par l'effet d'un pouvoir réfringent différent, mais bien parce que « dans leurs orifices se logent des parcelles dégrisées qui, venant à « en sortir plus tard, produisent des raies et détruisent le poli. Cet « inconvénient peut être évité avec de la patience; d'ailleurs on ne « doit point attribuer l'imperfection des lentilles de diamant aux « lignes dont nous venons de parler, mais uniquement à des difficultés « de travail qui ne sont point insurmontables. »

Certes, il ne m'appartient pas de faire voir au public l'erreur si grande, si manifeste, des sieurs Trécourt et Oberhaeüser renfermée dans cette courte note, car elle saute aux yeux de tout le monde, et cependant, malgré cela, M. Govi et l'illustre marquis de Panciatichi,

lustre Amici et le marquis de Panciatichi ont laissé le microscope dioptrique composé achromatique vertical, d'appliquer, soit au microscope simple, soit au microscope solaire, soit au microscope dioptrique composé, cette gemme si remarquable; à moins que dans la restauration du projet Goring, relativement au per-

se sont laissé influencer, soit par cette note, soit par ces paroles remarquables de sir David Brewster, renfermées à la page 337 de son excellent Traité d'optique, nouvelle édition, 1831, chapitre XLI, intitulé : Des microscopes. « When the diamond can be procured perfectly ho« mogeneous and free from double refraction, it may be wrought into « a lens of the highest excellence. » Ces deux célèbres physiciens, contrairement aux sages avis du grand Amici, ont tenté, mais inutilement, de remplacer pour première objective plano-convexe simple, dans leurs admirables séries, le rubis spinelle limpide naturel, par le diamant limpide naturel : « But the sapphire, which has double re« fraction, is less fitted for this purpose. Garnet is decidedly the best « material for single lenses, as it has no double refraction, and may « be procured, with a little attention, perfectly pure and homoge« neous. » Ni M. Govi, ni M. le marquis de Panciatichi, n'ont pensé à faire ce raisonnement fort simple cependant, raisonnement que MM. Trécourt et Oberhaeüser auraient dû insérer dans leur lettre adressée à l'honorable Académie royale des sciences de Paris, que je viens de citer, de transcrire ici *in extenso*, et qui appartient de plein droit à l'illustre physicien écossais, sir David Brewster, « que si les « nombreux canaux cylindriques qui existent dans le diamant, nuisent « à la perfection des lentilles, ce n'est donc point comme le prétendent « certains physiciens parce que dans leurs orifices se logent des « parcelles dégrisées qui, venant à en sortir plus tard, produisent des « raies et détruisent le poli, mais bien principalement parce que ces « nombreux canaux rigoureusement indestructibles absorbent la lu« mière par les réflexions multipliées aux surfaces de ces canaux qui « existent en divers sens, mais dans toute l'épaisseur de ce minéral. »

Ce beau travail de sir David Brewster sur la cause de l'énorme pouvoir réfléchissant du diamant, mérite d'être amplement commenté, accompagné d'une planche explicative très-bien gravée et détaillée dans une lettre toute particulière, que je désire adresser à Son Exc. Monsieur le Ministre secrétaire d'Etat au département de l'Instruction publique et des Cultes, et qui sera intitulé : *De la nature et des propriétés du diamant*. (Voir l'annonce de mes divers opuscules scientifiques et religieux, à la fin de cet opuscule.)

fectionnement à apporter au microscope simple, solaire, ou dioptrique composé, et par une reproduction artificielle de cette gemme, ces physiciens puissent obtenir dans leurs nobles travaux, dans leur noble tentative, un cristal doué de toutes les formes et propriétés optiques de ce précieux minéral appartenant au système régulier, mais parfaitement homogène, et entièrement exempt de ces nombreux canaux prismatiques situés en sens divers, et qui dénotent incontestablement, dit l'illustre sir David Brewster, l'origine végétale du charbon.

Le grenat en général, par exemple, le grenat grossulaire, d'après une autorité irrécusable, d'après l'autorité de l'illustre physicien et minéralogiste M. Henri-Hureau de Sénarmont, présente, il est vrai, quelquefois les curieux phénomènes de l'astérisme, du cercle parhélique, et ce qui est beaucoup plus fâcheux encore, de la polarisation lamellaire (2); mais l'illustre sir David Brewster (3), ne s'étant jamais encore aperçu du fâcheux inconvénient de ces divers phénomènes, ou plutôt, de ces remarquables propriétés; alors même qu'elles pourraient se présenter, mais cependant fort rarement; nous devrons tous nous efforcer, dit l'illustre marquis de Pan-

(2) Les phénomènes de l'astérisme, du cercle parhélique et de la polarisation lamellaire, se rencontrent rarement dans les cristaux. Les admirables séries Panciatichi, à première objective en grenat verdâtre grossulaire, comme en grenat rouge très-clair du Piémont, en grenat ouwarovite, chromifère, et en topazolite, ne lui ont jamais présenté ces divers remarquables phénomènes. Voir aussi l'illustre Alexandre Leymeric, Cours de Minéralogie (Histoire naturelle), première partie, page 300.

(3) A treatise on optiks, by sir David Brewster, new Edition, year 1831, chapt. 41, page 337.

ciatichi, dans l'intérêt de l'avenir des améliorations considérables qu'il reste encore à apporter, soit au microscope solaire, soit au microscope dioptrique composé achromatique vertical (4), de produire artificiellement limpide cette gemme, par la belle méthode de la synthèse chimique de M. Ebelmen, cette gemme étant infiniment préférable au rubis spinelle limpide du Pégu, à cause de l'absorption du rayon bleu du spectre, absorption que cette gemme possède au suprême degré (5).

Je suis persuadé que les véritables connaisseurs, et que les personnes qui ont vu en 1855 à Paris, à la mémorable Exposition de l'Industrie universelle, les remarquables séries Amici, ayant leur première objective en rubis spinelle hyalin limpide du Pégu (6), applaudiront aux louables et nobles efforts que j'ai faits, pour rendre sensibles aux yeux des moins clairvoyants, les résultats vraiment remarquables, qui pourront être, ou plutôt qui devront être obtenus, soit dans le microscope solaire, soit dans le microscope dioptri-

(4) Voir mes différents opuscules sur l'importante généralisation de la théorie des meilleurs microscopes dioptriques composés achromatiques de l'illustre physicien italien J.-B. Amici, et des séries Panciatichi. Voir aussi le chapitre du présent opuscule intitulé : Description d'un nouveau microscope solaire, construit d'après les récents résultats obtenus par l'illustre J.-B. Amici dans ses incomparables microscopes, et par M. le marquis de Panciatichi, dans ses remarquables séries objectives à première objective à rubis spinelle limpide du Pégu.

(5) A treatise an opticks, by sir David Brewster, new edition, year 1831, chapter 41, pag. 337.

(6) Exposition universelle de 1855. — Rapports du jury mixte international, publiés sous la direction de S. A. I. Mgr le prince Napoléon, président de la Commission impériale; page 430 et seconde colonne; premier volume, IV. — Instruments d'optique.

que composé achromatique vertical, en prenant pour *criterium* les meilleures séries Amici-Panciatichi, et en suivant la belle méthode de synthèse chimique de notre illustre Ebelmen, pour produire des minéraux artificiels rigoureusement identiques aux minéraux naturels, en adoptant en cela même l'opinion entière de l'honorable Académie impériale des sciences de Paris, contrairement à l'opinion unique, singulière de l'illustre minéralogiste et géologue Alexandre Leymeric, membre de l'Académie impériale des sciences de Toulouse (7) et de la grande réformation minéralogique de cet illustre professeur de la Faculté impériale des sciences de Toulouse.

Achille BRACHET.

(7) Alexandre Leymeric, Cours de Minéralogie (Histoire naturelle), première partie, page 7 de la préface de son excellent ouvrage. — Même ouvrage et partie, pages 39 et 336. — Voir aussi : Essai d'une méthode éclectique ou Wernerienne, imprimée dans le Bulletin de la Société géologique, deuxième série, tome X, page 207. Comparez aussi, dans le Journal des Mines, année 1856, l'esquisse du plan de la Réformation minéralogique de l'illustre professeur Alexandre Leymeric, avec les différents systèmes de minéralogie que le Journal des Mines lui oppose, et que cet immortel savant a développés avec assez d'étendue dans son Cours de Minéralogie (Histoire naturelle), première partie.

CHAPITRE PREMIER.

Dès que l'on possède à fond l'optique, on est bien vite convaincu, que, si dans une lentille simple, ou dans un système quelconque de lentilles objectives, on remplace le crown-glass, soit par le rubis spinelle, soit par le grenat, la puissance ou de cette lentille simple, ou de ce jeu de lentilles est incomparablement augmentée. Cette très-grande augmentation de puissance optique se fait surtout sentir, si au lieu du rubis spinelle, on remplace ce minéral par le grenat. Je pourrais fortifier ici mon opinion, ou plutôt cette assertion, par les autorités scientifiques les plus graves, les plus considérables; mais, dans ce tout petit opuscule, je me contenterai de ne m'appuyer que du grand nom scientifique de sir David Brewster (1). « These lenses, performed admi« rably, in consequence of their producing, with surfaces of « inferior curvature, the same magnifying power as a glass « lens; and the distinctness of the image was increased by « their absorbing the extreme blue rays of the spectrum. »

Tout cela serait charmant, dit l'illustre marquis de Panciatichi, mais quand on en vient à la pratique, la couleur toujours plus ou moins intense du grenat, et même du rubis spinelle (2), s'oppose à ce que l'on puisse obtenir tous les

(1) A treatise on opticks, by sir David Brewster, new edition, year 1831, chapter 41, on microscopes, pag. 337.

(2) A pratical treatise on the use of the microscope, by John Quekett, second edition, with additions, pag. 28.

Les admirables séries objectives de microscopes que l'illustre physi-

heureux effets que l'emploi de ces deux gemmes donne lieu d'espérer.

Je suis persuadé, cependant, et ceci appartient de plein droit, à l'illustre marquis de Panciatichi, que cette difficulté pourrait être en très-grande partie levée, si l'on parvenait, comme le désire le noble marquis, à appliquer à cette importante branche d'industrie de la confection des lentilles, la belle méthode de la synthèse chimique (3), adoptée par

cien italien, M. le marquis de Panciatichi a bien voulu m'offrir en 1853, sont analogues en puissance à celles que l'illustre Amici a présentées en 1855, à Paris, pendant la grande Exposition universelle de l'Industrie. L'illustre Amici soutient que les séries Panciatichi supportent une distance focale beaucoup plus petite à pareil grossissement et netteté que les siennes, et qu'elles sont par conséquent très-inférieures aux siennes. Comme je n'ai point à ma disposition des séries Amici, à première objective en rubis spinelle limpide, je ne puis que m'en référer au témoignage fort respectable, fort grave du prince des physiciens. Ces remarquables séries serviront à confirmer, fortifier la vérité que j'ose avancer ici à la face du monde savant : que les séries à première objective en rubis spinelle sont *incomparablement* supérieures en force aux séries à première objective en crown-glass. Ces séries d'une puissance, dis-je, vraiment extraordinaire, agissent au moyen du remarquable, du merveilleux principe de l'immersion par l'eau distillée, ont leur première objective en rubis spinelle hyalin limpide du Pégu, et réunissent en un seul et même foyer cinq rayons moyens du spectre. Ces séries extraordinaires seront déposées avec le tout petit microscope populaire de l'illustre Amici, et du prix de 300 francs, parmi les autres pièces de conviction sur la table de la salle du vénérable congrès scientifique que je me propose de rassembler en temps opportun, pour confirmer, légitimer, mon importante Restauration et du microscope solaire, et du microscope dioptrique composé achromatique vertical.

(3) Traité élémentaire de physique expérimentale, par M. P.-A. Daguin : tome premier, 1855. — Méthode de M. Ebelmen, pages 354 et 355. « M. Ebelmen a imaginé une méthode qui tient à la fois de la « voie sèche et de la voie humide. Il emploie pour dissolvant des « substances qui se réduisent en vapeur à une température très-élevée, « comme l'acide borique, le borate de soude, l'acide phosphorique, « certains phosphates. Des oxydes dissous dans ces substances, fondues « par le feu, cristallisent et forment *artificiellement* des minéraux « identiques à ceux que l'on trouve dans la nature, des pierres pré- « cieuses, spinelle, émeraude, péridot, cyrnophane, la plupart en

une de nos plus grandes célébrités scientifiques, l'illustre Ebelmen.

« cristaux microscopiques à cause des petites quantités de matières » employées, peuvent s'obtenir ainsi au moyen de l'acide borique. Le « corindon s'obtient avec le borax. Par cette méthode on pourrait, « comme le remarque M. Ebelmen, produire des gemmes pour la « joaillerie, en opérant sur de grandes quantités de substances; elle « jette du jour sur l'origine et la formation de certains minéraux infu- « sibles à de très-hautes températures, et qui ont pu cristalliser à la « faveur de dissolvants volatils par l'action du feu. »

Éléments de physique expérimentale et de météorologie, par M. Pouillet, membre de l'Institut (Académie impériale des sciences). Ouvrage autorisé par le Conseil de l'Instruction publique, sixième édition, tome second, 1853, page 31. « M. Ebelmen, en prenant « l'acide borique fondu comme dissolvant de l'alumine, de la magné- « sie, de la glucine et des oxydes métalliques, est parvenu à faire de « petits cristaux de la famille des spinelles et d'autres pierres fines, « à la température des fours de porcelaine qui suffit pour vaporiser « l'acide borique. (Comptes-rendus de l'Académie royale des sciences, « 16 août 1847.) »

CHAPITRE II.

J'ai démontré, dans le chapitre précédent, la très-haute importance de produire artificiellement, c'est-à-dire, par la belle méthode synthétique chimique proposée et exécutée par notre immortel physicien, chimiste et minéralogiste, M. Ebelmen, certains minéraux limpides appartenant généralement au système régulier, et par conséquent, généralement monoréfringents et monodispersifs, tels par exemple, le rubis spinelle limpide du Pégu et le grenat blanc de Tellemarken (Finlande); j'ai démontré que ces deux minéraux ont une supériorité incontestable (1) sur le crown-glass, comme emploi de première objective, soit dans le microscope solaire, soit dans le microscope composé achromatique vertical. En effet, appuyé des autorités scientifiques les plus graves (2), j'ai parfaitement établi que le rubis spinelle limpide du Pégu, et surtout le grenat blanc de Tellemarken (Finlande), en conséquence de leur produit, avec des surfaces de courbure moindre, auraient le même pouvoir grossissant qu'une simple lentille de crown-glass, et que,

(1) Chapitre premier de ce tout petit opuscule. Comparez aussi mon tout petit opuscule intitulé : Court exposé sur lequel reposent les meilleurs Microscopes dioptriques composés achromatiques du professeur J.-B. Amici, et les séries objectives du marquis de Panciatichi, page 5.

(2) A treatise on opticks, by sir David Brewster, new edition, year 1831, chapter 41, on microscopes, page 337. A pratical treatise on the use of the microscope, by John Quekett, second edition, with additions, page 28.

par conséquent, la netteté de l'image, serait accrue considérablement par l'absorption du rayon bleu de l'extrémité du spectre.

Mais, malheureusement (disgraziatamente), les curieuses et intéressantes anomalies, découvertes dès 1815, par l'illustre physicien écossais sir David Brewster (3), sur cette remarquable propriété optique de certains minéraux, propriété si avantageuse pour l'optique pratique, pour l'optique industrielle; pourraient peut-être, en un certain sens, affaiblir d'une manière considérable mon nouvel et important projet d'application toute scientifique de la belle méthode synthétique chimique de notre savant physicien, chimiste et minéralogiste M. Ebelmen.

Selon les remarquables recherches de l'immortel physicien écossais sir David Brewster, certains minéraux, tels que le sel gemme, le diamant, le spath fluor, l'analcime, qui, d'après leur système régulier, ne devraient jamais réfracter et disperser la lumière que d'une manière simple, donnent cependant, assez souvent, la double réfraction et dispersion, et cette différence, d'après les importants et intéressants travaux de l'illustre sir David Brewster, se présente, non-

(3) Transactions of the royal Society of Edinburgh, vol. VIII, year 1818, part first-8. On the optical properties of muriate of soda, fluate of lime, and the diamond, as exhibited in their action upon polarised light. By sir David Brewster. LL. D. F. R. S. London et Edinb., et FAS. Edinb., page 157, the Edinburgh philosophical journal, vol. 1, year 1819, art. 1. On a new optical and mineralogical structure, exhibited in certain specimens of apophyllite and the other minerals. By David Brewster. LL. D. E. R. S. Lond. and Edin. Communicated by the Author.

Transactions of the royal Society of Edinburgh, vol. 9, year 1823, page 317, part second XXIII. Account of a remarkable structure in apophyllite with observations on the optical pecularities of that mineral. By David Brewster, LL. D. E. R. S. London, et sec. R. S. Edin, read 21st April 1817, st th. december 1821.

Transactions of the royal Society of Edinburgh, vol. 10, part first XIII, page 187. On a new species of double refraction accompanying a remarkable structure in the mineral called Analcime. By David Brewster, LL. D. F. R. S. London, et secret. R. S. Edin, read jan. 7, year 1822.

seulement d'un minéral à un autre, mais encore dans diverses parties d'un même minéral (4).

Mais, pourront me dire mes nobles adversaires, par cette étrange anomalie, dont l'illustre M. Biot a su si bien rendre compte (5), contrairement à l'opinion de l'illustre minéralogiste et géologue Alexandre Leymerie (6), dans ses magnifiques mémoires sur *la polarisation* lamellaire, par cette étrange anomalie qui existe déjà dans les cinq minéraux, précédemment cités, par exemple, par cette autre étrange anomalie que notre illustre M. Henri-Hureau de Sénarmont a cru pouvoir, contrairement aux investigations de beaucoup d'autres savants, observer sur quelques cristaux isolés verdâtres de grenats grossulaires; ne pourra-t-on pas conclure, et cela avec la plus grande raison, comme me l'a si bien fait observer M. J. Porro, l'immortel inventeur de l'hélioscope donnant une image du soleil amplifié avec sa véritable nuance; que cette malencontreuse anomalie pourra peut-être encore se présenter quelquefois, soit dans le rubis spinelle haylin du Pégu, soit dans le grenat grossulaire pur, dans le grenat blanc limpide de Tellemarken (Finlande), et dans cette très-juste appréhension devons-nous hésiter, à rejeter à l'emploi, soit du microscope solaire, soit du microscope dioptrique composé achromatique et vertical, soit

(4) Alexandre Leymerie, cours de Minéralogie (Histoire naturelle), première partie, 1857, page 273.

(5) J.-B. Biot; Recherches sur la polarisation lamellaire, tome XII, des comptes-rendus de l'Académie royale des sciences, pages 741, 803, 871 et 967. — Sur l'influence de l'état lamellaire dans les phénomènes de polarisation et de double réfraction produits par divers corps cristallisés, tome XII des comptes-rendus de l'Académie royale des sciences, page 1121. — Sur la polarisation lamellaire : recherches sur l'apophyllite, tome XIII des comptes rendus de l'Académie royale des sciences, pages 391 et 839. — Analyse expérimentale des phénomènes de polarisation produits par les corps cristallisés, en vertu d'une action non-moléculaire; première partie, comptes-rendus de l'Académie royale des sciences, tome XIII, page 155.

(6) Alexandre Leymeric, cours de Minéralogie (Histoire naturelle), première partie, 1857, page 273.

les pierres précieuses en nature, soit ces mêmes minéraux obtenus artificiellement et rigoureusement identiques aux minéraux naturels, et cela par l'ingénieuse méthode de synthèse chimique proposée par notre illustre savant M. Ebelmen ; l'incertitude on ne peut plus grande, on ne peut plus terrible, on ne peut plus critique, me diront encore mes nobles adversaires, dans laquelle le physicien, le minéralogiste devra nécessairement se trouver, toutes les fois qu'il cherchera à appliquer la règle générale établie par l'illustre physicien et minéralogiste M. l'abbé Haüy (7), à la reconnaissance d'une masse cristalline, soit naturelle, soit artificielle, n'est-elle point pour nous un motif de plus jointe à la très-grande difficulté d'application en grand, de l'ingénieuse méthode de synthèse chimique proposée par le savant Ebelmen, pour nous faire rejeter sur le champ cette toute nouvelle proposition scientifique? Non sans doute, car je répondrai d'avance à mes nobles adversaires, non nous ne devrons pas nous effaroucher de ma toute nouvelle *réformation, restauration, régénération,* révolution scientifique de ma grande et importante *restauration,* soit du microscope solaire, soit du microscope dioptrique composé achromatique vertical, par cela seul que l'on pourrait *puérilement* nous objecter quelques anomalies, quelques *perturbations* de structure cristalline, qui isolées, pour ne point dire extrêmement rares, pourraient, peut-être, se présenter dans les deux principaux minéraux limpides qui sont *l'objet principal* de ma grande restauration, régénération, réformation, révolution, soit du microscope solaire, soit du microscope dioptrique composé achromatique vertical.

Les remarquables séries objectives que le grand Amici a montrées en 1855 à l'exposition de l'Industrie universelle, et qui avaient toutes leur première objective plano-convexe en rubis spinelle incolore du Pégu, et les remarquables sé-

(7) Traité de Minéralogie par l'illustre savant M. l'abbé Haüy, tome premier, pages 232 et 233.

ries objectives de l'illustre ami du grand Amici, M. le marquis Ferdinando Ximénès de Panciatichi d'Aragon, qui ont toutes leur première objective de cette même gemme, et ne donnant jamais qu'une réfraction et dispersion, ne donnant jamais qu'une seule image de l'objet observé, confirment complétement ma très-juste proposition.

De l'aveu des autorités scientifiques les plus graves, les minéraux limpides obtenus par la belle méthode synthétique chimique de l'illustre M. Ebelmen, soit par ce savant même soit par d'autres, soit par M. A. Gaudin, par la méthode du chalumeau, ont été éprouvés, quant à leurs véritables caractères optiques, et il résulte, sans réplique, des produits, des cristaux limpides artificiels, colorés ou incolores, soit monoréfringents, soit biréfringents, tels que les cristaux corindons, cymophanes, péridots, etc., obtenus avec leur véritable structure cristalline, qu'il est industriellement possible d'obtenir, mais en très-petits volumes, des minéraux artificiels rigoureusement identiques aux minéraux naturels (8).

(8) Salvetat, Recueil des travaux scientifiques de M. Ebelmen, tome premier, page 125, première partie. — Recherches de chimie sur une nouvelle méthode pour obtenir des combinaisons cristallisées par la voie sèche, et sur ses applications à la reproduction des espèces minérales (premier mémoire). — Comptes-rendus hebdomadaires des séances de l'Académie royale des sciences du lundi 3 janvier 1848. Présidence de M. Pouillet; Rapports, Minéralogie. — Rapport sur un Mémoire de M. Ebelmen, ayant pour titre : Nouvelle méthode pour obtenir des cristallisations par la voie sèche (Commissaires, MM. Berthier, Dufrenoy et Beudant) ; M. Beudant, rapporteur, pages 12, 13, 14, 15 et 16. Comptes-rendus hebdomadaires des séances de l'Académie impériale des sciences, tome XLIVe, séance du lundi 6 avril 1857. Présidence de M. Isidore Geoffroy-Saint-Hilaire, pages 716, 717 et 718. — Cristallographie, productions de corindons ou saphirs blancs en cristaux limpides isolés, au feu de forge dans des creusets ordinaires; par M. A. Gaudin, extrait par l'auteur. (Commissaires, MM. Becquerel, de Sénarmont, Delafosse.) — Salvetat, Recueil des travaux scientifiques de M. Ebelmen, etc., tome premier, page 1?2, Méthode pour obtenir des combinaisons cristallisées par la voie sèche (deuxième Mémoire). — Alexandre Leymerie, cours de Minéralogie (Histoire naturelle), première partie, pages 39 et 336.

J'ai donc bien mérité de l'optique, c'est-à-dire du monde savant, d'avoir malgré l'opinion contraire de l'illustre Alexandre Leymerie, proposé le premier et en renouvelant *l'immortel projet du célèbre docteur anglais Goring*, comme juste application, soit au microscope solaire, soit au microscope dioptrique composé achromatique vertical, la belle méthode synthétique chimique de notre illustre Ebelmen; et je ne crois nullement, qu'il puisse se trouver dans le monde savant, des personnes assez peu versées dans l'étude de l'optique, pour oser me contester le grand mérite d'une pareille proposition scientifique; et si des personnes assez hardies osaient se présenter après cette importante publication, pour ne pas se montrer très-favorables à mon projet, c'est qu'elles seraient persuadées, je n'en doute nullement, non que le crown-glass est identique soit au rubis spinelle, soit au grenat comme emploi de première objective, soit dans une série objective de microscope solaire, soit comme première objective, dans le microscope dioptrique composé achromatiqne et vertical; mais, parce que, et cela contre l'opinion contraire de l'illustre Ebelmen lui-même, l'application n'en pourrait encore être faite économiquement, industriellement, en opérant même sur une très vaste échelle, pour obtenir des cristaux assez volumineux pour appliquer ces gemmes, soit à toutes les trois objectives composant généralement un jeu de lentilles achromatiques, soit à d'autres usages optiques que je ferai connaître dans un prochain opuscule.

Si donc, notre illustre minéralogiste et géologue, M. Alexandre Leymerie, a dit avec la plus grande justesse qu'il serait à souhaiter (9), que l'on pût trouver des moyens beaucoup plus directs, beaucoup plus sûrs, beaucoup plus certains, beaucoup plus infaillibles, que ceux que l'on a employés jusqu'à ce jour, pour reconnaître expérimentalement, si un minéral a la réfraction simple ou

(9) Alexandre Leymerie, cours de Minéralogie (Histoire naturelle), première partie, 1857, page 276.

double ; et si ce même minéral possède un ou deux axes de réfraction ; disons encore, avec cet immortel savant, que ces moyens, quoique assez faibles, quoique assez imparfaits, suffiront jusqu'à nouvel ordre pour reconnaître, soit dans un minéral artificiel, soit dans un minéral naturel appartenant au système régulier, si ce minéral aura été produit avec des caractères cristallographiques emportant avec eux, la condition si facheuse pour certains usages optiques, de la *polarisation lamellaire*, si ce minéral est réellement compris parmi les lois anormales qui peuvent le régir, et si, par conséquent, nous devons rejeter ce minéral dans l'emploi, soit du microscope solaire, soit du microscope dioptrique composé achromatique vertical.

OBSERVATION PARTICULIÈRE.

Il me m'appartient nullement de décider si nous devons adopter, contrairement à l'unanimité des savants, la grande Réformation minéralogique de l'illustre professeur de géologie et de minéralogie à la Faculté impériale des sciences de Toulouse, M. Alexandre Leymerie; je laisse aux minéralogistes répandus dans le monde savant le soin et d'agiter, et de débattre cette grave et importante question. L'illustre M. Alexandre Leymerie, membre de l'Académie impériale des sciences de Toulouse, prétend, à la préface de son excellent ouvrage (1), qu'il ne faut pas confondre, ainsi qu'on le fait habituellement, le minéral avec la substance même. Mais, ce qui me semble un peu trop hasardé dans l'immortel ouvrage de M. Alexandre Leymerie, c'est de ce qu'il ne me semble pas trop croire (2) aux résultats, cependant réellement incontestables, récemment obtenus par notre illustre Ebelmen, dans la production artificielle de certains minéraux rigoureusement iden-

(1) Alexandre Leymeric, cours de Minéralogie (Histoire naturelle), première partie, 1857, page 7 de la préface de son excellent ouvrage.
(2) Même ouvrage et partie, 1857, pages 39 et 366.

tiques aux minéraux naturels. L'illustre professeur de Toulouse, Alexandre Leymerie, et cela paraîtra étonnant à beaucoup de savants, ne peut se décider avec tous les minéralogistes, et avec l'Académie impériale des sciences de Paris et de Toulouse, à admettre que les cristaux artificiels obtenus, soit par l'illustre A. Gaudin, soit par M. Ebelmen, soit par M. Henri-Hureau de Sénarmont et autres, soient rigoureusement identiques aux cristaux naturels qu'il s'agissait de reproduire. Pour moi, qui m'en référerai toujours à l'inestimable jugement de l'Académie impériale des sciences de Paris, et aux nombreux résultats qui ont été mis sous les yeux de ce corps illustre, et sous les yeux de beaucoup d'autres savants les plus respectables, je dirai avec l'honorable Académie des sciences de Paris, de Toulouse, et avec une foule de connaisseurs ; je dirai avec MM. Dumas et Chevreul : « M. Ébelmen n'a fait qu'une apparition dans le domaine de la chimie (3), mais elle fut brillante et très-féconde, car il découvrit les éthers silicique et borique, dont les propriétés sont si extraordinaires, et arriva par eux à préparer l'hydrophane artificielle. Il parvint aussi à fabriquer les pierres les plus précieuses par des procédés éminemment ingénieux, et cette découverte que l'avenir fécondera, suffirait seule à le rendre immortel. »

(3) Le *Cosmos*, revue encyclopédique hebdomadaire des progrès des sciences, fondée et publiée par M. B. R. de Montfort, rédigée par l'illustre physicien M. l'abbé F. Moigno, tome premier, année 1852, page 142. Extrait du discours pieux, noble, touchant, prononcé par MM. Dumas et Chevreul, membres de l'Académie impériale des sciences, sur la tombe de l'immortel physicien, chimiste et minéralogiste, M. Ebelmen.

Je dirai aussi, que si l'illustre Ebelmen avait prévu quels services pourraient rendre un jour à l'industrie, par exemple à la joaillerie, et ce qui serait encore beaucoup plus noble, à la haute horlogerie, puisque dans ce cas-là les pierres précieuses ne devaient plus servir comme objet de luxe, de mode, de fantaisie, mais bien comme objet d'utilité réelle; la reproduction de certaines substances minérales, il n'avait pas du moins entrevu, comme moi, quel rôle important devrait jouer un jour son admirable procédé de fabrication de certaines pierres artificielles limpides monoréfringentes et monodispersives, sous de très-petits volumes il est vrai, dans l'immense et important perfectionnement qu'il restait encore à apporter au microscope solaire et au microscope dioptrique composé achromatique vertical, soit que l'on voulût adopter pour criterium dans l'importante Restauration du microscope en général, soit la théorie Lister, soit la théorie Lister sagement alliée avec la théorie ingénéralisée Amici Panciatichi (4).

(4) Salvetat, Recueil des travaux scientifiques de M. Ebelmen, tome premier, pages 105, 196 et 225.

Depuis 1855, il ne me semble pas que les opticiens français aient apporté aucune amélioration considérable au microscope solaire et au microscope dioptrique composé achromatique vertical; et en 1860, à la prochaine exposition de l'industrie universelle, les ingénieurs-opticiens seront encore battus, et par les Anglais et par les Américains, et même par l'incomparable J.-B. Amici.

Ceux qui voudront connaître l'important perfectionnement apporté dès 1830, par l'illustre M. Joseph Jackson Lister, au microscope dioptrique composé achromatique vertical, peuvent lire le magnifique mémoire de cet immortel savant lu le 21 janvier 1830, et communiqué à l'Académie royale de Londres par son éminent secrétaire, le docteur Roget. Voir, Philosophical transactions of the royal Society of London, for the year 1830, part. 1, page 187. — XIII. On some properties in achromatic object-glasses applicable to the improvement of the micro-

Si donc quelques personnes très-sensées, très-judicieuses, ont bien voulu dire de moi ce que l'illustre Blaise Pascal a bien voulu dire du R. P. Marin Mersenne, savant minime du dix-septième siècle (5), que j'avais rendu un très-grand service à la science, en jouant le rôle de

copes. By Joseph Jackson Lister, Esq., communicated by Dr Roget, secretary, read january 21, 1830.

Tous les travaux entrepris depuis cette mémorable époque sur le microscope dioptrique composé achromatique, soit par les Anglais, soit par les Américains, ont reçu par une lecture très-attentive, très-assidue de ce glorieux monument de la science du microscope, de notables améliorations pratiques. Mon système optique Lister-Amici-Panciatichi ne consiste qu'à substituer (voir la figure dessinée et gravée page 198 du savant Recueil précité, ou 11 du beau mémoire de l'auteur) à la première objective Selligues ou Lister, mobile par une vis, une simple lentille aussi mobile, en crown-glass, et mieux en rubis spinelle ou en grenat blanc. Le faisceau transmis, d'où dépend nécessairement l'ouverture de la série, et par conséquent son pouvoir pénétrant, devient ainsi incomparablement plus considérable.

Je donne cette note, ou plutôt cet important renseignement comme venant de l'illustre marquis de Panciatichi. Au reste, je graverai dans mon prochain opuscule la remarquable série Lister, ainsi que la série Lister-Amici-Panciatichi, avec la marche des rayons dans l'une et l'autre de ces remarquables séries.

(5) « Erat huic viro ad excogitandas arduas ejusmodi quæstiones « singulare quoddam acumen, et quo omnes in eo genere facilè supe- « raret : quanquam autem in iisdem dissolvendis, quæ præcipua « hujusce negotii laus est, non eâdem felicitate utebatur. Tamen hoc « nomine de litteris optimè meritus est, quod permultis iisque pul- « cherrimis inventis inquisitionem eruditos de illis neque cogitantes « excitaret. »

Œuvres complètes de l'illustre Blaise Pascal, historia trochoïdis sive cycloïdis, gallicè, la Roulette; in quâ narratur quibus gradibus ad intimam illius lineæ naturam cognoscendam perventum sit, paragraphus quartus. Tome V, page 179 de l'édition in-8°, imprimée à la Haye en 1779.

Micrographie. — Avertissement sur la seconde édition de la Notice du meilleur microscope dioptrique composé achromatique vertical du professeur J.-B. Amici, par M. Achille Brachet, première livraison, pages 14 et 15.

correspondant avec tous les savants, et en provoquant sans cesse à la recherche des plus grandes et des plus sublimes découvertes, une foule de savants qui, *sans cette excitation*, n'y auraient *sans aucun doute* jamais songé; que ces mêmes personnes veuillent bien me permettre de terminer ce chapitre par ces paroles si nobles, si profondes, si sensées du sage Plutarque : « Ad hunc videlicet modum judicia, ubi non a ratione « et philosophia stabilitatem atque robur ad agendum « accipiunt, concutiuntur ac facile quavis vel laude vel « vituperio præcipitia aguntur, suis consiliis et ratio- « nibus excussa. Oportet enim non solum ipsam ac- « tionem, ut par est, justam honestamque, sed etiam « consilium quo inducti eam suscipimus, constans « esse atque immobile, ut cum judicio agamus; ne « quemadmodum helluones summo appetitu cum ex- « petant cibos gulæ satiandæ idoneos, iis repleti statim « satietate molestantur, ita nos quoque re confecta « animo langueamus, emarcescente propter imbecilli- « tatem animi honestatis concepta specie. Nam pœni- « tentia id quoque quod est præclare factum turpe « efficit; ut propositum, quod a certa scientia et con- « silio proficiscitur, ne tum quidem cum secus res « ciciderunt, mutatur (6). »

(6) Plutarque, Vies des hommes illustres; vie de Timoléon, § 6, édition grecque et latine de M. Firmin Didot, vol. premier, page 285, année 1846.

DESCRIPTION

D'UN

NOUVEAU MICROSCOPE SOLAIRE

construit d'après les récents résultats

DE

l'illustre J.-B. Amici et du marquis de Panciatichi.

Dans mon tout petit opuscule intitulé : Court exposé du principe sur lequel reposent les meilleurs microscopes dioptriques composés achromatiques verticaux de l'illustre physicien italien J.-B. Amici, et les remarquables séries du marquis de Panciatichi, j'ai établi pour constant, pour certain, pour infaillible, après avoir décrit les principes adoptés par ces deux immortels génies, que si l'on tâchait de suivre, à nos risques et périls (car la chose, dit l'illustre sir John Herschell, est excessivement difficile), cette ingénieuse méthode dans la construction des microscopes dioptriques composés achromatiques et verticaux; l'on obtiendrait, non-seulement des résultats analogues obtenus par ces deux savants; mais des résultats incomparablement supérieurs encore à ceux des microscopes de Florence. J'ai démontré aussi, et cela était de la plus grande importance, que pour obtenir un maximun d'effet, il fallait adopter, pour monture du microscope, un mécanisme le plus simple que possible, et qui pût permettre et cela avec la plus grande facilité, tout en conservant le plus parfait centrage, de faire tourner ensemble, et les objectifs et les collectifs-oculaires. Ceci est un principe généralement admis et par les opticiens et par les ingénieurs-constructeurs les plus renommés, qu'il n'y a qu'un pareil principe, qu'un pareil mécanisme qui puisse, tout en admettant la plus grande exactitude possible, dans le centrage et le travail parfait des lentilles, suppléer, soit aux imperfections des courbures des lentilles, soit à l'imperfection toujours plus ou moins grande du centrage de l'appareil optique. L'illustre Amici lui-même ne manque pas de nous en avertir dans sa toute petite, mais très-savante et très-intéressante notice (1). Quant à l'illustre physicien, M. le marquis de Panciatichi, voici un simple extrait de ce qu'il m'en a écrit tant de fois, et de ce que j'ai eu plus d'une fois occasion d'expérimenter moi-même, sur plusieurs microscopes de différents constructeurs. « E « verissimo che la miglior cosa sarebbe il distruggere an- « che tutti gli spettri secondarii, ma è vero altresi che in « pratica è meglio mettere in non cale il violetto e l'indaco « anzi che gli altri colori. Ma io scorametto che tanto voi che « molti altri amatori non vi accorgete facilmente quando « esistono incorretti questi spettri secondarii. Per accorgerne « con più facilità, voi dovete osservare il bordo de' pic- « coli corpuscoli neri che talorà si trovano fra gli oggetti di « provenienza marina, come sarebbero i naviculi Angulata, « oppure le bolle d'aria perfettamente sferiche che si formano « fra due lame incollate, allorà, voi vedrete sempre, che « al di qua, o al di là del foco, questi bordi si colore- « ranno di un rosso da una parte, o di un bleu d'all altrà « più o meno carico, owero di una tinta sporca traente al « marrone, che nasce dalla combinazione di questi duo « spettri, ma che però non è mai quella luce bianca, che « si osserva quando gli oggetti sono nel giusto foco. Ciò « è una prova che l'acromatismo e buono pe' ragí me- « dii, non lo è per gli estremi; e mai o non quasi mai

(1) Page 14 de mon opuscule intitulé : Simples préliminaires sur le commentaire de la Notice du meilleur microscope dioptrique composé achromatique vertical du professeur J.-B. Amici, et des séries du marquis de Panciatichi.

« voi troverete una serie perfettamente scevra di questo « difetto, per quanto d'altronde possa sembrarvi perfetta. « Quando in vece dell' acromatica prevale l'aberrazione « sferica, voi vedrete gli stessi oggetti neri presentare un « maggiore o minore appannamento nebbioso, oppure « si formeranno come due imagini, che per quanto si « faccio non coincideranno perfettamente giammai. E « giusto il dire però che tutti questi difetti possono anche « esser prodotti da tre cause estrinseche, cioè, o che la se- « rie non sia disposta esattamente su di una linea retta, « o che una delle lenti acromatiche abbia maggior gros- « sezza sull' uno de bordi, o che esistono de difetti nell' « oculare. E d'altronde un fatto certo che girando (2) « tutto il sistema sul suo asse, tutti questi difetti cres- « cono o diminuiscono a seconda della posizione dell' « osservatore, e quindi riescono meno sensibili all' oc- « chio e si ottiene una visione più distinta dell' oggetto « osservato. »

Ce sont ces sages considérations qui ont fait abandonner dès 1844, à l'illustre Amici, dans un microscope sérieux, dans un microscope destiné aux observations délicates les dispositions qui exigent, soit le petit prisme hypoténusal, soit le petit prisme équilatéral, quoique le même physicien les ait aussi supprimés, à cause de la perte considérable de lumière qu'ils faisaient éprouver. Le prince des ingénieurs-opticiens français, l'illustre Charles Chevalier, convient avec Nachet, avec O'berhaeüser, et avec tous les plus habiles constructeurs, qu'un microscope sans prisme, comme s'en est aperçu le premier notre incomparable Raspail, possède une bien grande puissance pénétrante et définissante. Comme je suppose, dans cet opuscule, que ceux qui liront les nouvelles observations qui y sont contenues, connaissent tous mes précédents opuscules; je me contenterai de pas-

(2) Page 14 de mon opuscule intitulé : Simples préliminaires sur le commentaire de la Notice du meilleur microscope dioptrique composé achromatique vertical du professeur J.-B. Amici, et des séries du marquis de Panciatichi.

ser tout de suite, à la nouvelle disposition que j'ai cru devoir apporter au microscope solaire de l'illustre ingénieur-opticien Charles Chevalier, cet habile constructeur m'ayant promis d'en tenter l'exécution, du reste fort difficile, pour la prochaine exposition de l'Industrie universelle.

Voici en quoi consiste bien réellement ma toute nouvelle disposition optique, qui, si elle est exécutée comme il convient, ne manquera pas de donner des résultats incomparablement supérieurs à ceux que l'on obtient avec le microscope solaire ordinaire.

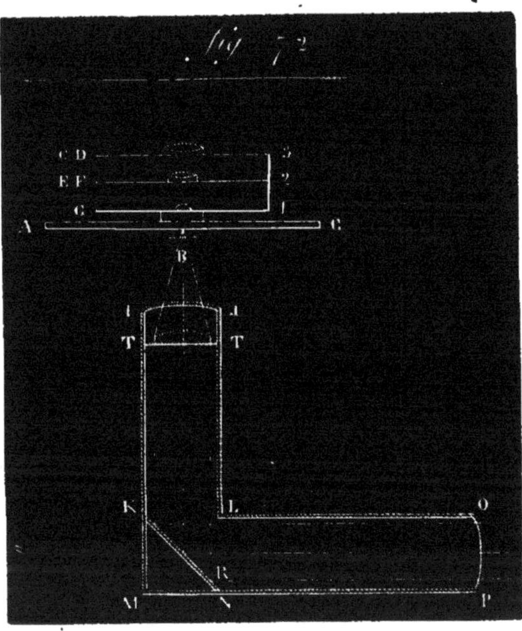

Le système-objectif est placé verticalement, de sorte que l'image conjuguée se forme essentiellement sur un écran concave sphérique, on plan blanchâtre, sur le plafond d'un appartement. Trois lentilles dont deux achromatiques, composent le système-objectif vertical; mais la première objective que j'appelle lentille objective (fig. 72), celle qui est la plus voisine de l'objet à observer, est simple, plano-convexe, ou en crown-glass, ou en rubis spinelle du Pégu, ou en grenat limpide de Tellemarken (Finlande), que ces matières soient prises produites artificiellement d'après la belle méthode synthétique chimique de l'illustre Ebelmen, ou qu'elles soient prises en nature, et ce qui vaudrait beaucoup mieux encore en diamant limpide, si cette substance pouvait être trouvée en nature monoréfringente et monodispersive, et homogène, c'est-à-dire, exempte des nombreux canaux cylindriques qui s'y trouvent en divers sens, ou produite ainsi artificiellement comme le désirerait l'illustre marquis de Panciatichi Les lentilles 2 et 3 se composent chacune, d'une lentille convergente, composée ou d'une lentille isocèle ou scalène en crown-glars, et d'une lentille plano-concave biconcave, ou ménisque en flint-glass. Depuis la mémorable découverte de l'illustre Marie-Alexis Rochon; Putois et Grateloup, ont recommandé avec la plus grande sagacité, avec la plus grande pénétration d'esprit, soit pour éviter les reflets, soit les imperfections des surfaces provenant du travail des lentilles, d'interposer, entre les surfaces intérieures, (fig. 28) A D C D des objectives composées, un ciment solide, par exemple, au lieu de l'eau limpide, ou de l'huile desséchée au soleil, du mastic en larmes, ou du baume de canada, ou autres substances analogues; mais M. Charles Chevalier, s'étant aperçu, ces dernières années, que ces enduits se fondaient bien vite, de toute nécessité, à la chaleur du soleil, cet estimable artiste préférait aux dépens et de la lumière perdue, et de l'engendrement des courbes toujours plus ou moins imparfaites, de ne pas coller ses lentilles, de microscopes solaires, ayant reconnu, par une lecture très attentive, très-assidue des œuvres immortelles du R. P. Boscovich (3) (Bassano, *opera*), qu'il était extrêmement difficile, pour ne pas dire impossible de travailler les courbures intérieures

(3) Page 50 du tome second des Œuvres optiques et astronomiques du R. P. Boscovich, Bassano, 1785.

des lentilles A D, C D d'après l'ingénieux système proposé par l'immortel physicien et jésuite italien, système qui consiste à obtenir exactement les courbures intérieures des lentilles A D C D, de manière à ce qu'elles ne puissent laisser aucun vide entre elles.

De ces trois lentilles, comme dans une série objective Lister-Amici-Panciatichi, destiné au microscope dioptrique composé achromatique vertical; la lentille nécessaire, ou plutôt indispensable à la vision, n'est que l'objective première, les deux autres, 2 et 3 (fig. 72) n'étant employées que pour diminuer autant que possible les deux aberrations, ainsi que le grossissement considérable qu'elle donnerait, si elle était seule.

On conçoit ici, comme dans ma nouvelle série Lister, le très-grand avantage de l'emploi du rubis spinelle et surtout du grenat blanc, et combien le diamant serait encore préférable à ces deux gemmes en nature, ou prises artificiellement, s'il était possible de se le procurer sans les nombreux canaux cylindriques que l'illustre sir David Brewster y a découverts, et qu'il considère comme la cause principe du grand pouvoir absorbant de cette gemme pour la lumière. En effet, malgré l'énorme pouvoir réfléchissant entièrement lié dans le diamant avec son énorme pouvoir réfractif; cette gemme permettrait-elle, sans la présence de ces canaux cylindriques intérieurs, d'obtenir une bien plus grande netteté, à l'aide de très-faibles courbures. On conçoit aussi l'immense (4) avantage de l'emploi de la première objective simple plano-convexe, puisqu'une pareille lentille, contrairement à l'opinion de l'illustre physicien danois M. Mathiessen d'Altona (5), comporte dans la série

(4) Voir mon opuscule intitulé : Court exposé sur lequel reposent les meilleurs microscopes dioptriques composés achromatiques du professeur J.-B. Amici, et les séries du marquis de Panciatichi, pages 14, 15, 16, 17, 18, 19 et 20.

(5) Réponse de M. Mathiessen d'Altona à M. Amici de Florence, adressée à l'Académie royale des sciences, le 22 juillet 1844. Descrip-

Lister - Amici - Panciatichi, une ouverture incomparablement plus grande, qu'une première lentille construite d'après l'ingénieuse méthode de notre immortel ingénieur-constructeur Selligues, méthode théorique qui appartient de plein droit à l'illustre géomètre allemand Leonhard Euler, et qui se compose d'une lentille convergente en crown-glass, scalène ou isocèle, et d'une lentille plano-concave, en flint-glass, accolées ensemble (fig. 28), formant ensemble foyer réel, positif.

Dans ma toute nouvelle proposition du microscope solaire, je ne m'en suis pas tenu à cette seule et importante modification; j'ai encore voulu considérablement augmenter les puissances pénétrante et définissante de l'instrument, en y introduisant le remarquable principe de l'immersion par l'eau distillée; dans les séries à grands grossissements, dans les grossissements destinés aux simples observations, (car l'instrument se compose, comme le microscope dioptrique composé, de plusieurs séries objectives) une lame d'eau distillée formant une lame parallèle entre la première objective et la lame de verre à faces parallèles qui recouvre l'objet à examiner, diminue d'une manière considérable, l'aberration de réfrangibilité, tout en augmentant d'une manière considérable la clarté ou le pouvoir pénétrant du microscope; enfin si en 1, 2, 3, dans les trois lentilles, l'on emploie cinq substances diversement dispersives, au lieu de deux seulement, on diminuera incontestablement, d'une manière beaucoup plus considérable, par la réunion des cinq rayons moyens du spectre en un seul et même foyer, les spectres secondaires, l'aberration chromatique.

L'appareil catadioptrique éclairant agit en-dessous du système objectif vertical à l'aide ou d'un petit prisme hypoténusal convenablement disposé, ou d'une glace ou miroir de verre plan étamé et incliné à 45° à l'horizon ou d'un miroir plan métallique, ce qui est infiniment préfé-

tion des microscopes de M. Mathiessen d'Altona, Paris, imprimerie de Bachelier, rue du Jardinet, 12, 1844, pages 12 et 13.

rable (6), j'ai imaginé cette ingénieuse disposition optique, pour faire *essentiellement* servir ce microscope solaire, sans avoir besoin du petit prisme hypoténusal qui avait été imaginé par le célèbre Charles Chevalier, pour faire projeter quelquefois, par occasion, l'image sur un écran plan, ou concave, toujours blanchâtre, ou sur le plafond ou sur le plancher, et qui diminue d'une manière considérable le pouvoir pénétrant de l'instrument pour les expériences délicates (7).

Ce court exposé, j'ose l'espérer, est plus que suffisant, pour que les ingénieurs-constructeurs, qui voudront bien tenter de construire un microscope solaire sur ces importantes et nouvelles données, puissent obtenir des résultats incontestablement, infiniment supérieurs à ceux obtenus par les appareils ordinaires.

(6) Voici la raison qui avait suggéré à l'immortel physicien allemand Léonhard Euler, l'heureuse idée de remplacer dans le microscope le miroir plan de verre étamé, par un miroir plan métallique; c'est qu'un miroir plan de verre étamé, réfléchissant les rayons par ses deux surfaces, fait que les bords du spectre ne sont jamais bien terminés; au lieu que, le miroir de métal n'ayant qu'une surface réfléchissante, termine plus exactement les bords des images.

(7) Simples préliminaires sur le commentaire de la Notice du meilleur microscope dioptrique composé achromatique du professeur J.-B. Amici, page 15. Della Camera lucida e prisma equilatero.

EXPLICATION DE LA PLANCHE 72°.

1, 2, 3, représentent les trois objectives dans leur monture en laiton; C D, représentent les raies rouges et orangées, réunies par la lentille convergente 3, comme pour le microscope dioptrique composé dans la figure 60. E F, les rayons verts et bleus, réunis par la lentille 2, et G, les rayons indigos réunis par la lentille simple plano-convexe, 1 ou en crown-glass, ou en rubis spinelle, ou en grenat, ou en diamant, ces gemmes étant employées ou en nature ou par les procédés de la belle méthode synthétique de l'illustre M. Ebelmen. Entre la première objective plano-convexe 1, comme dans la figure 60, en R S et la lame de verre qui recouvre l'objet à observer B, fig. 72, et O, fig. 60, se trouve une lame d'eau distillée à faces parallèles. La lame A C, fig. 72, comme la lame R S, fig. 60, se trouvant horizontale, comme le porte-objet du microscope dioptrique composé vertical, en un mot, comme le système objectif, l'image conjuguée va se former indispensablement sur un écran blanchâtre, plan ou concave, placé au plafond de l'appartement. En T T se trouve une lentille plan-convexe simple en crown-glass. Cette lentille, dite lentille éclairante ou condensatrice, est mobile dans le tube en laiton T R J L à l'aide d'un pignon et d'une crémaillère en R R. A l'extrémité du tube O P E N et du tube T R J L se trouve un petit prisme ou un petit miroir plan métallique incliné de 45°. Il y a toujours trop de chaleur, et l'on est obligé dans le microscope solaire ordinaire, ou de l'affaiblir avec de l'eau saturée d'alun, ou en éloignant plus ou moins du foyer de cette lentille condensatrice T T l'objet à observer. Les rayons parallèles proviennent du tube latéral O P, M N, K L, I J, et aboutissent à une croisée fermée munie d'une ouverture.

CONCLUSION.

Je dédie mon ouvrage au monde savant (1), et je suis persuadé qu'il recevra son approbation. Je me suis appuyé sur les documents les plus authentiques pour que les personnes déloyales ne puissent nullement me contester l'importance de la suite de la grande restauration et provocation scientifique de l'immortel physicien et physiologiste Lister. Cependant, si quelques personnes voulaient ou plutôt croyaient répondre à cette intéressante publication, j'y répondrai moi-même aussitôt après avec le plus grand plaisir, pourvu que les observations que l'on aurait bien voulu m'adresser me parussent fondées; car, s'il en était autrement, je ne les regarderai que comme une insulte faite à la science et à ma personne.

(1) Concludendum ergò nobis est, quantacumque sint accipiendæ propositiones in genere diffidentia, nec non et abire liceat ea quæ experimentis iterato contradicentibus impossibilia revincuntur esse argumenta; positò etiam nihil esse pro vero ratove habendum nisi quod, ut ait Franciscus Baco, probationem a natura vel tempore acceperit perfectam, nec minus errori obnoxia esse præstantissimorum etiam virorum decreta, nisi quæ certo demonstrationum experimento ac veluti quodam veritatis sigillo sint insignita, concludendum, inquam, nos, salvis hisce præviis conditionibus, sedulissima quam potuerimus diligentia opus absolvisse nobis propositum, adeò ut, qui huic tàm gravis momenti argumento redargutionem objicere audebit, ei non fide dignissimis solummodò auctoribus, verum inconcussis etiam experientiæ sententiis cœstum immittere fuerit tentandum.

Que les personnes qui se trouveront assez hardies pour répondre à cet important opuscule, veuillent bien se persuader que toute la question pour elles consisterait à me démontrer, ce qui serait très-difficile, pour ne pas dire impossible, que les admirables séries Amici-Panciatichi en rubis spinelle, et surtout en grenat, ne doivent nullement être prises pour criterium dans l'importante restauration du microscope solaire et du microscope dioptrique composé vertical, et qu'il est industriellement impossible, dans les données actuelles de la science, de reproduire artificiellement en petits volumes, et par la belle méthode synthétique chimique de l'illustre Ebelmen, soit du rubis spinelle, soit du grenat limpide ou coloré, avec des caractères optiques et cristallographiques rigoureusement identiques au rubis spinelle et au grenat naturels (2).

(2) L'illustre Amici a présenté, comme on le sait, en 1855 à l'Exposition de l'Industrie universelle, des séries objectives à première objective en rubis spinelle incolore du Pégu, et agissant au moyen du remarquable principe de l'immersion par l'eau distillée. L'illustre Amici ne doute nullement de la grande supériorité de l'emploi de cette gemme, et surtout de la supériorité encore beaucoup plus grande de l'emploi du grenat, et principalement du diamant, s'il était possible de se procurer ce dernier minéral exempt des nombreux canaux cylindriques qui le traversent en divers sens. Mais ce grand physicien a adopté dans ses excellents instruments le crown-glass de préférence au rubis spinelle et au grenat, soit à cause de la grande facilité que l'on a à se procurer limpide et à un prix très-modéré cette matière, soit parce qu'il est beaucoup plus facile il est vrai, mais cela en sacrifiant à la puissance des résultats obtenus, d'obtenir l'achromatisme par l'emploi du crown-glass. La préférence du célèbre physicien italien serait sans réplique, si pour le moment il était reconnu qu'il est industriellement impossible de reproduire artificiellement et en petits volumes, le rubis spinelle, avec des propriétés optiques et cristallographiques rigoureusement identiques aux propriétés optiques et cristallographiques du rubis spinelle en nature.

TITRES

de quelques ouvrages du même auteur à paraître successivement chez M. Benjamin DUPRAT.

1° **Lettre** à MM. **Porro**, **Steinheil**, **Lerebours**, **Froment** et **Foucault**, sur ma grande Restauration du télescope newtonien.

2° **Lettre** adressée au président de l'Académie royale des sciences de Londres, sur la nécessité de reproduire artificiellement limpide, soit le rubis spinelle, soit le grenat, soit le diamant, d'après la belle méthode de synthèse chimique de M. **Ebelmen**, avec leurs véritables caractères optiques et critallographiques, pour appliquer ces gemmes, soit aux diverses lentilles composant une série objective de microscopes, soit pour appliquer ces gemmes, soit aux oculaires des lunettes, soit aux oculaires des microscopes.

3o **Vie** de M. F. **Arago**, suivie d'un examen critique des principales erreurs que ce savant a enseignées pendant plusieurs années consécutives, dans son cours public fait à l'Observatoire de Paris.

4° **Lettre** adressée à son Exc. le Ministre secrétaire d'Etat au département de l'Instruction publique et des cultes, sur un projet d'élever un monument national à l'illustre inventeur des phares, Augustin-Jean **Fresnel**

5° **Biographie** de l'illustre ingénieur **Crampton**.

6° **Lettre** adressée à M. Louis **Figuier**, sur une réclamation en faveur de la découverte de la vapeur faite par les Anglais.

7° **Description** de la la locomotive Stephenson, précédée de la Biographie de cet illustre inventeur, et de la grande application de ses bagues d'acier aux grandes chaudières des navires.

8° **Lettre** adressée à M. l'abbé F. **Moigno**, sur la téléphonie Sudre, sur la télégraphie Chappe, et sur la télégraphie électrique.

9° **Moyens** de reconnaître expérimentalement les télescopes catadioptriques à objectifs de courbures à sections coniques, précédés de l'examen critique de ce qui s'est passé à Paris, depuis la savante restauration du télescope newtonien, proposée en 1856, par le docteur C. H. **Steinheil**.

10 **Lettre** sur la *chromagraphie*, et examen critique d'une falsification faite dans les œuvres posthumes de M. F. **Arago**, d'un passage scientifique adressé par M. Achille **Brachet**, à l'ancien secrétaire perpétuel de l'Académie royale des sciences.

11° **Lettre** à MM. **Regnaud** et **Degrand**, sur l'inutilité d'augmenter la puissance des phares; soit à l'aide de l éclairage produit par les courants de la pile, soit à l'aide de la lampe Mathieu-Arago-Rumfort, et sur les dangers de diversifier les phares avec des verres différentes couleurs.

12° Quels sont les motifs qui firent préférer à l'illustre sir Isaac **Newton**, son télescope et son microscope à une disposition analogue à celle employée plus tard à son Concept du télescope et du microscope catadioptrique, raisonna-t-il comme le grand Amici, lorsque de 1815 à 1821, il imagina ces divers télescopes et microscopes catadioptriques?

11° De l'importance de construire par la méthode du docteur C.-A. **Steinheil** un télescope de même grandeur que celui de Lord Ross, et d'examiner si l'aberration sphérique énorme que posséderait un tel instrument, sera nuisible au dédoublement des étoiles, c'est-à-dire à son pouvoir pénétrant.

12° **Micrographie**. — Prolégomènes sur la seconde édition de la Notice du meilleur Microscope dioptrique composé achromatique et vertical du professeur J.-B. **Amici**, première partie, seconde livraison.

13° **Lettre** à S. Exc. M. le ministre secrétaire d'Etat au département de l'Instruction publique et des cultes, sur l'indispensable nécessité de réunir la Bibliothèque de l'Institut à la Bibliothèque Impériale.

14° **Lettre** à son Exc. M. le Ministre secrétaire d'Etat, au département de l'Instruction publique et des cultes, tendant à démontrer la convenance d'honorer les sciences dans l'armée, en élevant à l'immortel général Meusnier, inventeur reel de l'Aréostation, un monument national.

15° **Lettre** à son Exc. M. le Ministre secrétaire d'Etat, au département de l'Agriculture, du commerce et des travaux publics, sur le véritable inventeur des phares, et sur les nombreux perfectionnements qui peuvent encore être apportés aux lentilles polyzonale de MM. **Brewster** et **Rochon**, en soignant davantage, soit la pureté des matières obtenues, soit l'exactitude de la configuration des lentilles.

16° **Lettre** à son Exc. M. le Ministre secrétaire d'Etat au département de l'Instruction publique et des cultes, sur l'importance de tenir compte dans l'aberration de sphéricité produite par les réfracteurs, du calcul du R. P. **Boscovich**, sur la correction de cette erreur comparée à celle de réfrangibilité, plutôt que le calcul d'Isaac **Newton** trouvé fautif par le R. P. Boscovich.

17° **Lettre** à son Exc. M. le Ministre secrétaire d'état au département de l'Instruction publique et des cultes, sur ma grande provocation et restauration de l'optique.

18° **Lettre** à S. Exc. M. le ministre secrétaire d'Etat au département de l'Instruction publique et des cultes, sur la grande Restauration de l'Aérostation de l'illustre général et physicien **Meusnier**.

19° **Lettre** à MM. les Ministres secrétaires d'Etat au département de l'Instruction publique et des cultes, de la Guerre, de la Marine et des Colonies, de l'Agriculture, du Commerce et des Travaux publics, sur la Restauration du procédé de l'illustre général et physicien **Meusnier**, pour distiller économiquement l'eau dans le vide, et pour employer cette eau, soit dans les générateurs à vapeur, soit dans les voyages maritimes.

20° **Lettre** à son Exc M le Ministre secrétaire d'Etat, au département de l'instruction publique et des cultes, sur l'impossibilité absolue de la solution de l'éclairage électrique, et de l'application de l'électricité, à la thérapeutique, et aux puissantes machines.

21° **Lettre** à son Exc. M. le Ministre secrétaire d'Etat, au département de l'Instruction publique et des cultes, sur l'importance du grand congrès scientifique que je me propose de rassembler en temps opportun pour légitimer ma grande provocation de la Restauration de l'optique.

22° **Lettre** adressée à son Exc. M. le Ministre secrétaire d'Etat au département de l'Instruction publique et des cultes, sur la nature et les propriétés du diamant.

23° **Examen** historique et critique des microscopes en général.

24° **Lettre** adressée à son Exc. M. le Ministre secrétaire d'Etat au département de l'Instruction publique et des cultes, sur l'importance d'examiner si le système de M. A. **Gaudin**, destiné à rendre le travail du platine économique, serait suffisant pour la construction pratique des miroirs objectifs du télescope newtonien.

25° **LETTRE** tendant à démontrer à son Exc. M. le Ministre secrétaire d'Etat au département de l'instruction publique et des cultes, qu'une pile économique ne rendra nullement service à l'éclairage électrique, malgré les autres nombreux services qu'elle pourra rendre à la science.

26° **EXAMEN** historique et critique des différents procédés récemment proposés à Londres, pour détruire les ombres dans l'éclairage électrique.

27° **RAISONS** qui ont engagé tout récemment l'Italie à réclamer pour Galilée l'idée de l'application du pendule, comme régulateur et modérateur des horloges.

28° **HONNEUR** à ISAAC NEWTON, l'immortel inventeur du télescope catadioptrique, à BRADLEY, HADLEY et MOLIGNEUX, les immortels généralisateurs de cet important instrument d'observation.

29° **ESPRIT** d'Isaac Newton et de Christian Huygens de Zulichem.

30° **DISSERTATION** sur l'hélioscopie avec une description de mes différents hélioscopes comparés avec celui de l'ingénieur-constructeur M. J. PORRO.

31° **LETTRE** adressée à son Exc. M. le Ministre secrétaire d'Etat au département de la Justice, sur l'importance d'adopter dans notre légilation le seul régime dotal.

32° **LETTRE** adressée à son Em. Mgr le Cardinal-Archevêque de Paris, sur l'importance d'introduire dans l'enseignement, la méthode de l'illustre Robert BOYLE, suivie d'une traduction française de l'opuscule de Robert Boyle, intitulé : Of the high veneration mans intellect ovvesto God, peculiarly for his wisdom and power.

33° **LETTRE** adressée à son Exc. M. le Ministre secrétaire d'Etat au département de l'Instruction publique et des cultes, sur l'importance d'obtenir par la belle méthode synthétique chimique de l'illustre M. EBELMEN, le quartz hyalin, limpide, pour tirer partie de ce minéral artificiel identique au minéral naturel, dans l'usage du micromètre et d'autres instruments d'optique.

34° **LETTRE** adressée à son Exc. M le Ministre secrétaire d'Etat au département de l'Intérieur, sur le respect dû aux autorités constituées.

35° **LETTRE** adressée à son Exc. M. le Ministre secrétaire d'Etat, au département de l'Intérieur, sur le devoir dû au souverain.

36° **LETTRE** adressée à son Exc. M. le Ministre secrétaire d'Etat au département de la Guerre, sur l'impossibilité de la solution des Aérostats captifs.

37° **CONSIDÉRATIONS** générales sur la conduite de l'Eglise dans la condamnation du système astronomique de l'immortel Galilée, et du procès fait à sa personne.

30° **DE** l'utilité de la décision infaillible de l'Eglise sur les questions de droit et de fait.

39° **CONCORDANCE** de la doctrine de Molina avec les décrets du concile de Trente.

40° **EXAMEN** critique de la cause de l'assassinat d'Henri IV.

41° **ESPRIT** d'Amici et du marquis de Panciatichi.

42° **MÉMOIRE** tendant à démontrer l'impossibilité de la direction volontaire des aérostats.

43° **DE** l'élévation de la foi et de l'abaissement de la raison.

45° Le Bouclier de la foi.

46° **HISTOIRE** des variations de la Synagogue.

47° **De** l'influence de la Camera horizonto-verticale et verticale, sur les erreurs micrographiques, et de l'inconvénient de ces divers instruments dans les observations de précision, déduites des propres observations et raisonnements de M. Raspail.

48° **Tableau** des découvertes que l'on peut, sans aucune contestation, accorder aux Français.

49° **Examen** comparatif du principe de l'immersion proposé en 1813 par sir David Brewster, et de celui tout récemment inventé par le professeur J. B. Amici, et pratiqué par lui et par le marquis de Panciatichi.

50° Traduction française de l'opuscule de Robert **Boyle** intitulé : A free inquiry into the vulgarly received notion of nature : made in an essay, adressed to a friend.

51° Traduction française de l'opuscule de Robert **Boyle**, intitulé : An essay inquiring Whether, and how a naturalist should consider final causes, to my very Learned friend, M. F. O.

52° **De** l'influence de l'Institut des Jésuites sur le progrès des lumières.

Paris. — Imp. Bailly, Divry et Ce, place Sobonne, 2.

www.ingramcontent.com/pod-product-compliance
Ingram Content Group UK Ltd.
Pitfield, Milton Keynes, MK11 3LW, UK
UKHW021654260726
13994UKWH00003B/1452

9 782329 380643